| 全景手绘版 |

孩子读得懂的
空间简史

◎ 沈晓彤 著　◎ 白婷 绘

北京理工大学出版社
BEIJING INSTITUTE OF TECHNOLOGY PRESS

目录

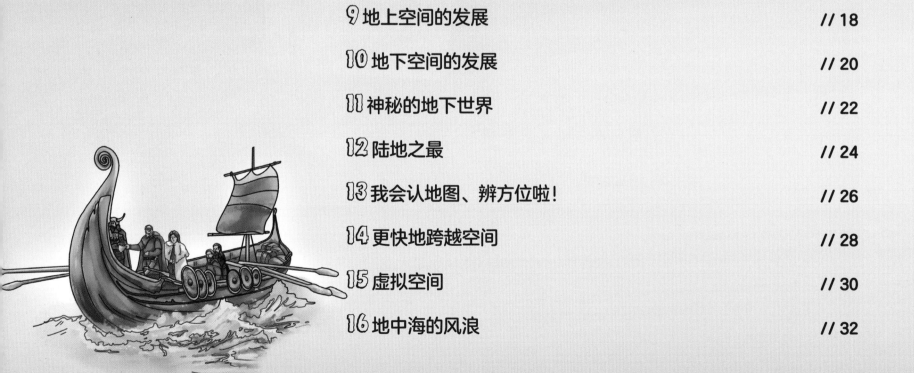

青鸟童书

只做对得起时间的书

北京科技大学　北京科学学研究中心 专家审定

（排名不分先后）

王道平教授	于广华教授	
徐言东高级工程师	孙雍君副教授	卫宏儒副教授
芮海江副教授	韩学周副教授	杨丽助理研究员

最早的空间探险家

当我们提起探险时，你首先联想到的可能是一些勇敢的探险家——郑和、哥伦布、阿姆斯特朗……不过，人类最早的探险家应该要数人类的始祖——古猿了。数千万年前，他们为了寻找食物，也可能是其他原因，踏上了新的土地。

〈1〉从树上下来

距今 3000 万至 500 万年前，古猿还主要生活在非洲的热带、亚热带丛林中，借助强壮的四肢吊在树枝上，就像荡秋千一样在各自的领地内快速移动。

随着地球进入冰河期，气候变得寒冷干燥，森林面积大幅锐减，大量的古猿不得不下到地面来，活动于林间的开阔地带。

〈2〉为了生存而无意识迁徙

下到地面后，为了更好地觅食和抵御天敌，古猿开始尝试用后肢站立。但相比其他动物，古猿的嗅觉和视觉要差得多，奔跑速度也没优势。所以，当危险来临时，一些古猿不得不离开原来的居住地，开始迁徙。

最初，迁徙是被迫的、无意识的、短途的。在迁徙的过程中，两足行走比四肢着地行走有更广阔的视野，耗能也更少，更容易存活下来，于是越来越多的古猿开始学习两足行走。

迁徙让古猿的生存空间不再局限于原来的领地，脱离危险后的古猿开始建立新的聚居地。

#&%···

剑齿虎

发现危险，仓皇逃窜

脱离危险，寻找新的聚居地

02

登上高地观察星象

〈5〉开始了对天空的探索

旧石器时代晚期，人类发展到智人的阶段，脑容量已经非常接近现代人。

为了更好地获取食物，他们依然群居，但随着狩猎经验的积累和生存空间的扩大，他们逐渐开始登上山顶和高地，俯瞰大地。

站在高处可以让人们看得更远，对所处的空间有更全面的认识，进而更好地指导群体行为。

也是在这时，人们开始留意更高处的天空和星星，观察并总结经验。比如，想要狩猎或者迁徙，最好选择满月的时候；中午的阳光总是比傍晚更热。

石刀

篝火

缝制兽皮

窝棚呈几何形，护卫中央

守护家园

〈3〉试图掌握主动权的能人

生活在坦桑尼亚地区的猿人，也被称作能人。他们生活在大约180万年前，能用石头制作简单的工具，也能建造简陋的居所，并且有了保卫家园的意识，在面对野兽袭击的时候，越来越不愿意逃跑。此时，猿人的围猎能力大大增强，中等大小的动物对他们已经构不成威胁。

在激烈的生存斗争中，猿人用自己的智慧为族群争取到更广阔的生存空间，并且学会了尽量主动地控制空间。

〈4〉直立人

生活在旧石器时代早期的北京猿人、蓝田人、元谋人等都属于直立人（一般认为直立人起源于非洲），他们仍带有猿类的特征，但也有很多现代人特征。比起他们的祖先，直立人制作的工具更为复杂和多样化，他们会用骨针缝制兽皮，以采集和渔猎为生，吃熟食，并能保存火种。

2 走出非洲，遍布世界

根据基因、化石和考古学上的一些发现，科学家们推测早期人类曾三次"走出非洲"。现代人类的祖先很可能是第三次走出非洲的智人，那么他们是怎么走出非洲，遍布世界的呢？

登陆大洋洲

在更新世的大部分时间里，大洋洲板块和亚欧板块还没有完全分开，东南亚一带有很多陆地和岛屿，两块大陆之间海水的部分最宽也只有几十千米。况且，因为冰期的关系，海平面比现在低得多。也正因此，智人们只利用简单的木筏或者独木舟，就能顺利穿过海峡。

通过白令陆桥到达美洲

在几千万年前，亚欧大陆和美洲大陆之间存在一条连接的陆上通道，就是白令陆桥。当时因为大量水被冻结导致海平面下降，一些地区的海平面下降甚至达 90 米。一群来自亚洲地区的智人，也许是追逐着猎物的步伐，也许是被猎物追赶着，不经意间就通过露出水面的白令陆桥，到达了北美洲的阿拉斯加地区。

而在距今约 1.2 万年前，气候变化导致海平面上升，这条作为"生物扩散通道"的大陆桥被海水淹没了。

第四纪冰期结束后，地球重新变得温暖，人类活动也变得频繁起来。再加上这一时期东非一带的地质活动剧烈等原因，大约在 30 万年前，一部分智人选择离开那里，寻找新的生存地。这已经是人类第三次走出非洲了。

离开的智人分别向南北两个方向进发。向南的这支，最终到达非洲南部并定居下来❶。向北的这支，一部分来到了地中海的南岸❷，另一部分穿过地中海和红海之间狭长的通道——如今苏伊士运河所在地，到达两河流域❸。

在两河流域，他们停留繁衍过一段时间。后来有一支智人队伍重新出发，向北通过高加索山脉和黑海、地中海之间的通道，大约在 5 万年前到达欧洲的希腊半岛附近❹。

之后，他们以希腊半岛为基地，一部分前往北欧❺，另一部分前往南边的伊比利亚半岛❻。

大约 7 万年前，天气再次变得寒冷，生活在两河流域的智人为了寻找新的家园，有一支向东北进发，经过伊朗，到达里海附近❼；还有一支向东南进发，越过帕米尔高原，到达印度半岛❽。

一些智人留在印度，一些智人顺着印度洋沿岸继续向东，进入东南亚❾，其中一部分继续向东北内陆扩散，最终遍布东亚❿。

来到东南亚的智人中，还有一部分继续南下，经过新几内亚岛⓫渡过太平洋，于大约 4.5 万年前到达今天的澳大利亚⓬。

约 4 万年前，一支智人到达亚洲北部的西伯利亚地区⓭，之后从太平洋西海岸继续向东，越过现在已经消失的白令陆桥，于 1.4 万年前到达北美洲⓮。

一些智人顺着内陆继续走，深入北美洲大陆的东部地区；另一些智人沿着海岸线走，南下到今天的墨西哥，之后继续向南，最终于 1.2 万年前到达南美洲⓯。

至此，地球上除了南极洲，几大洲都有人类的踪迹了。

3 农业与聚落

早期的人类最初以采集和狩猎为生，后来发现，比起野菜、野果、菌类等，野生谷物提供的能量更多、安全性更高，分布范围也更广，于是越来越喜欢采集它们，并把吃不完的谷物储存起来。

为了享受成果

储存的谷物在合适的温度、湿度下就会发芽，落到土里就能生根长成新的植株。人们从中得到启发，开始尝试种植。同时，弓箭的发明大大降低了狩猎的危险性，提高了成功率，于是人们有意识地挑选性情温顺的猎物加以圈养。

种植业和畜牧业共同构成了早期的农业。这是1.1万年前发生的事情。

农业是有周期性的，要想享受成果，就必须在一个固定的地方暂时住下来，等待植物成熟、动物长大。

从血缘到地域

最初，定居是以氏族为单位的。在血缘关系的连接下，小规模的村落形成了。所有的氏族成员共同拥有村落附近的土地，共同劳动，共享劳动成果。

但能力出众的成员总能占有更多的资源，这就导致一些人选择离开，开拓新的村落或者混居到别的村落里。

随着生存空间的变化，离开的人越来越不看重自己的血缘，反而更倾向于"住在哪里，就是哪里人"。在这种观念的影响下，以血缘为基础的氏族逐渐发展为以地缘为基础的部落。

部落联盟的产生

在原始农业阶段，土地能够供养的人口是有限的。随着人口的增多，只有占领更多土地，才能得到更丰富的资源。于是部落战争开始了。

胜利者不只获得土地，还会获得财物、敌方的俘虏等诸多战利品。为了提高战胜率，部落联盟产生了。

从城邦到国家

随着参与联盟部落数量的增多、规模的扩大，一个又一个独立的小空间被整合到一起，形成更加广阔的疆域。为了抵御外敌，泥砖或石块结构的城墙被修建起来。这意味着城邦作为一种新的联合体出现了。

城邦占有周边的土地以养活自己的人民，城邦内部存在一定程度的商业活动。

城邦与城邦之间依然存在吞并行为，被吞并的城邦失去独立性，转变为城市。拥有多个城市的政治单位，成为国家。

从早期的定居村落到后来形成的国家，人类的生存空间在一步步向外扩大。

4 古文明的孕育

早期的人类文明大多出现在热带、亚热带地区的沿河或者沿海处。因为这些地方温度适宜，水源充足，资源丰富，可以供养大量的人口。

两河流域的美索不达米亚平原被称为"新月沃土"，这里诞生了最早的文字和文明。

定期泛滥的尼罗河给两岸留下了肥沃的土壤可供耕种，人们在尼罗河边修建起了金字塔，发展出璀璨的古埃及文明。

古巴比伦

古埃及

大河文明

河流是人类文明的发源地。源于尼罗河流域的古埃及文明、源于底格里斯河和幼发拉底河流域的两河文明、源于印度河流域的古印度文明以及源于黄河和长江流域的华夏文明，都属于以农业为主的稳定性较强的大河文明。

这几个大河文明产生地区的纬度也很相似，都在北纬30°附近。农作物想要长得好，就需要适宜的气候、光照和水源，而靠近大河的地方，发展灌溉农业不成问题，因此几个大河文明地区的水利设施都比较发达。

发达的水利设施不仅是为了灌溉，也是为了调节洪水。这些大河总是会周期性泛滥，一泛滥就会冲毁农田和房屋，造成生命财产损失；但泛滥的河水也为两岸带来了大量掺有腐殖质的泥沙，让土壤变得肥沃，适合耕种。

海洋文明

相对于大河文明，海洋文明产生的时间要晚一些。其中最有代表性的就是发源于地中海东部爱琴海湾的爱琴文明。这一地区海岸线曲折，多良湾和岛屿；内陆山地多、平原少，没办法大规模种植粮食。但当地的手工业比较发达，聪明的当地人习惯于带着手工业制成品，驾船出海，换取粮食等生活必需品。商业，尤其是海外贸易渐渐发展起来。也正因此，爱琴文明早早孕育出了"等价交换"和开拓进取的意识。

如果人口持续增加，海洋文明常见的做法是将多余的人送去海外殖民，建立新的城邦。

但值得注意的是，在很长一段时间内，地中海沿岸的海洋文明都没有形成过较大规模的国家，而一直保持着城邦的组织形式，每个城邦的居民数量也都不多。

古印度

大约在公元前 2500 年，印度河沿岸兴起了许多城市，最有名的要数摩亨佐－达罗和哈拉帕了。

中国

黄河、长江是中华民族的母亲河。长江下游的良渚一带在 5000 多年前就出现了城市和国家的雏形，人们引河水工城，在河边种植庄稼，制作陶器和玉器。

印第安文明

诞生于美洲热带丛林中的印第安文明，因为环境相对闭塞，呈现一种特别的形态。奥尔梅克文明是已知最古老的美洲文明之一，它存在于约公元前 1200－前 400 年的中美洲丛林中，对后来的玛雅文明、阿兹特克文明和印加文明等都产生了一定的影响。

印第安文明也以农业为主，但人们的土地主要是靠砍伐丛林和改造沼泽地得来，长时间处于刀耕火种的原始农业状态。农业种植以玉米、马铃薯等为主，也会驯养火鸡、羊驼等动物。和大河文明相似的是，这里也有从村落、城邦逐渐发展为具有多个城市的国家，还修建了辉煌的宫殿和具有宗教用途的金字塔。

5 跨越高山和大海

最初，人们想去其他地方只能靠双脚徒步行走。

偶然的机会，人们捕获了野马一类的动物。人们发现这类动物除能食用外，还善于奔跑，而且很有耐力。大约是在5500年前，居住在中亚、西亚一带的哈萨克人的祖先最先开始将野马加以驯化，并把驯化后的马用在了长途骑乘和货物运输上。野马等畜力的驯化，让人们可以更快、更省力地到达更远的地方，活动空间得到了前所未有的扩大。

轮子和车

轮子最早被用于制作陶器。大约5000年前，辐条的发明让它们和车结合到了一起。最原始的车其实是橇，也就是下面垫了一排滚木的木排，木排上堆着货物，由人在前面拉着前进。后来，马、牛等畜力代替了人力，有辐条的轮子代替了滚木，大大提高了运输效率。

因为机动性高、灵活性强，车后来被用于战争，成为载人的战车。

藤蔓

帆船

轮船

石拱桥

木拱桥

独木桥

浮木

石头桥

竹排

独木舟

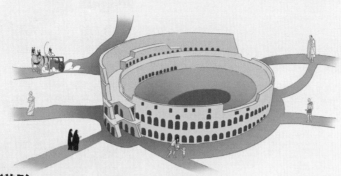

四通八达的道路

在马车出现之前，道路主要用于行走，多是自然形成的土路，由人们一脚一脚踩出来。车辆的出现，对道路稳固性有了更高要求，进而出现了很多由碎陶片和砾石铺筑并夯实的道路。

随着运输及军事的需求，道路的作用显得日益重要，国力强盛的统一政权都会注重道路的规划。比如，秦朝和古罗马都修建了覆盖全国的道路网。古罗马全盛时期的道路网将首都和疆域内大部分地区以最短距离联系到了一起，以实现军队的快速调动转移。

古代的道路建设

在古代，修路是一项非常重要的工程。中国古代的道路修建是徭役之一，官府会征集大量的劳工服劳役，有些路一修就是好几年。

修路一般会就地取材，从附近的山上取土石，用竹筐或小推车运到工程附近。土石铺平后会用工具进行夯实，有些地方还会用到熟土和米浆，让路变得更结实，也避免长草和生虫。一些重要城市里的路面夯实后会铺上砖块或石板，宗庙和宫殿的路面还会用到大理石，既美观又结实。

过河要用桥和船

路的问题是解决了，过河要怎么办呢？

聪明的古人会选择抱着浮木过河，或者把大树的中间挖空，就得到了一条独木舟。为了渡更多的人过河，人们还学会了把许多水草、木板或竹子扎到一起做成各种各样的筏。

为了让船行得更快，人们发明了桨；为了控制船的行进方向，人们又发明了舵；为了节省力气，人们还发明了帆……总之就是各显神通。

在遇到浅水或者流速慢的小河时，就没有必要用船了，人们通常涉水而过。但如果河水太深或者水流太急，人们就会借助树木等一些结实的植物，搭成独木桥过河。

将散落的大石块运到河水中做垫脚石，也可以过河。如果连石头也没有，还可以找一些又长又粗的藤蔓，借助它们一样可以过河。

随着科技的发展，船和桥的构造变得越来越复杂、精巧，逐渐有了巨型帆船、蒸汽轮船、电动船、木板桥、石拱桥、铁索桥、钢架桥、跨海大桥等。

正是凭借各种各样的奇思妙想，人类突破了水流的限制，到达了河流的对岸。

钢结构斜拉桥

木筏

11

6 人口迁徙与扩张

在生产力不发达的古代，地理上的天然阻隔、官府的户籍制度及农耕思想等影响，造就了中国古人安土重迁、轻易不愿意离开故土的习惯。但也有一些特殊因素，如气候、商贸、战争等，会导致人口在地域上的大规模迁徙。

冲突和摩擦

气候和降水等自然原因会导致一些地区的农耕区和畜牧区在地域上天然分离，农耕民族和游牧民族也有各自相对独立的活动区域，但若是遇到特殊情况，如天灾或内乱，为了争夺更有利的生存空间，冲突和摩擦时常发生。

匈奴是中国古代北方游牧民族之一，兴起于今天内蒙古的阴山山麓。他们的生活区域大多没有田地可种，靠畜牧为生，习惯逐水草而居，没有固定的住所。

从战国后期开始，匈奴等北方游牧民族就成了中原诸国的一大边患。北方边境长期有军队驻守，并修筑了长长的长城，以抵御游牧民族的侵袭。汉民族与北方游牧民族的战争持续了上千年，长城也在数代人的扩建与修复中，变成了中华民族雄伟浩大、绵延万里的建筑奇迹。

一路向西

西汉初年，汉朝与匈奴进行了大大小小几十场战役，双方各有胜负，前后历经了130余年，最终以汉人获胜而告一段落。匈奴分裂为北匈奴和南匈奴，南匈奴归顺汉朝后和汉人融合到了一起，北匈奴的余部则离开家园一路向西，重新寻找生存地。

关于北匈奴西去后的最终去向，传统的史学观点认为：在西迁的过程中，他们遇到了日耳曼各部落，并成为日耳曼人入侵罗马的帮手，最终一起攻打罗马帝国，造成了罗马帝国的灭亡。

五胡内迁

南匈奴归顺后，汉朝采取"怀柔"政策，划出北方边郡的一片地方让他们游牧生息。随南匈奴内迁的还有西北的氐（dī）族和羌（qiāng）族、东北的鲜卑族、漠北的羯（jié）族，统称"五胡"。

到了三国后期，由于中原人口剧减，魏晋采取了一些笼络手段让他们归顺内迁。在之后近一百年时间里，内迁的五胡人数多达数百万。他们和汉人混居在一起，学习汉族的文化和礼仪。

内迁胡人逐渐增多，势力也在不断壮大。西晋时期，他们趁着中原内乱之际陆续在北方建立政权，与汉人政权对峙，世称"五胡乱华"。北方游牧民族和中原农耕民族的摩擦不断，导致大量汉人从黄河流域逐渐南迁到长江流域，南方经济快速发展起来。

壮阔的蒙古帝国

中国游牧民族发展的历史巅峰是元朝。13世纪初，成吉思汗统一了蒙古诸部，建立起大蒙古国，也就是元朝的前身。大蒙古国先后征伐西夏、西辽、金、南宋等政权，同时不断向西扩张，先后发动三次西征，占据了包括中亚、西亚、东欧等地区在内的辽阔地域，形成称霸欧亚大陆的国家，因而也被称作"蒙古帝国"。

7 横跨东西的人们

除逃难的人群、远征的士兵外，还有一群人前赴后继地走在连通东西方的路上，他们是：

肩负使命的外交官

出于外交目的，尤其是军事目的，各国的外交官也在持续探险。中国历史上首次尝试以官方名义与西域接触的人是汉朝的张骞（qiān），他出使西域的事迹被《史记》的作者司马迁评价为"凿（záo）空"，也就是打通了往来西域的道路。

后来，经过班超、甘英等一代又一代外交家的努力，他们的足迹最远到达了波斯湾沿岸。一条通往西亚的道路最终被打通了，东西方文明在交流中开始碰撞和融合。

为了财富的商人

在财富的驱使下，商人不断扩大自己经商的范围，这也在无形中探索着空间。

张骞出使西域，陆上丝绸之路被打通，中国和中亚地区及欧洲的商业往来迅速增加。这条声名斐（fěi）然的商路从长安出发，穿过河西走廊，经中亚国家、伊朗、叙利亚等地，到达地中海沿岸地区。

陆上贯通东西的还有两条"丝路"也是比较有名的。一条在草原上——从长安向北，途经蒙古高原，再向西进入中亚地区，到达地中海沿岸。另一条在崇山峻岭间——从汉中地区向南翻越大巴山经古蜀道入成都，经云南入缅甸，向西至印度，再由阿拉伯地区到欧洲。

海上也有一条连通东西的"丝路"，它开辟于先秦，繁盛于唐代，明代郑和下西洋更是将"海上丝路"发展推至极盛时期。"海上丝路"从中国经中南半岛和南海诸国，穿过印度洋，进入红海，抵达东非地区和欧洲，途经 100 多个国家和地区，成为中国与西方贸易往来和文化交流的海上大通道。

在这些路上有很多阿拉伯商人，他们充分利用自己位于欧洲、亚洲、非洲三洲交界地带的地理优势，让马和骆驼驮着货物，组成浩浩荡荡的商队，贩卖任何能带来利润的东西。蚕豆、核桃、葡萄等植物通过这些商人传到东方，丝绸、瓷器等精美的中国特产，还有冶铁术、造纸术及一些先进的农业技术传入西方。商人们在这条路上经商的同时，也充当着东西方文化交流的使者。

有崇高信仰的信徒

能促使人不远万里跋山涉水去求索的，除了物质财富，还有精神信仰。你看，以法显、玄奘为代表的这些僧侣们，为了求取真经，历经千辛万苦去往印度。

西方的基督教徒也有奔走传教和朝圣的习俗，他们来往于各地，把基督教从罗马传遍欧洲大陆，甚至更远的地方。他们将耶路撒冷奉为"圣城"，各地的基督教徒都会去那里朝圣。

到了 16 世纪，一位意大利的天主教传教士利玛窦（dòu）不远万里来到中国，除传播教义外，还带来了西方的天文、数学、地理等科学技术知识，对中西方文化交流做出了重要贡献。

8 城市空间规划

为了去更远的地方，人们一直努力探索空间的边界，但他们同时也没有忽视在自己的生存范围内进行空间规划。这种向内的创造为人类的空间探索注入了全新的血液。

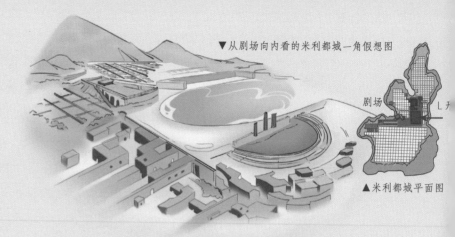

▼从剧场向内看的米利都城一角假想图

剧场

▲米利都城平面图

典型的希波丹姆模式——米利都城

希波丹姆是已知的第一位城市规划者，他参与规划建设的米利都城是典型体现古希腊城邦精神的城市。米利都城位于地中海沿岸，它三面临海，四周筑有城墙，城市道路网呈棋盘式布局，有两条垂直的大街从城市中心通过。市中心有"L"形开敞式公共空间，市场、剧场和神庙等都坐落在临海的港湾附近。

古希腊城邦的神庙、广场与道路网

基于对外贸易以及对海运的需求，古希腊城邦大多沿海而建。人们除了像人类早期聚落那样在四周筑起城墙，还普遍非常重视公共区域的建设。

古希腊城邦在城市的布局上，采取以广场为中心的模式。广场是市民集聚的空间，用来举行露天集会或进行商业活动。广场周围还建设有一系列公共建筑，是城市生活的核心。居民按照工匠、公职人员等不同职业分区居住。不同区域之间，有方格网一样的道路互相连接。城市道路网还将广场与神庙、市政厅、露天剧院和市场等市民生活的重要场所紧密连接。

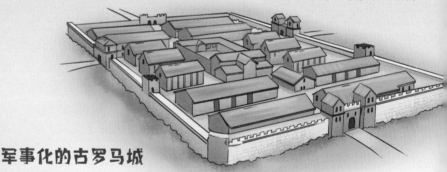

▼军事化的古罗马营寨（zhài）城

▼古罗马城大竞技场和斗兽场之间的区域

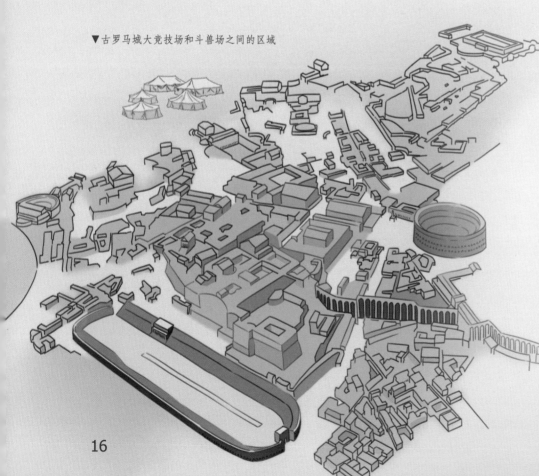

军事化的古罗马城

古希腊衰落后，古罗马在地中海中部的意大利半岛上逐渐崛起。古罗马人继承了亚平宁半岛中部伊特鲁里亚人的城邦规划理念，严格按照几何图形进行规划。他们的街道都是按照东西、南北方向十字交叉修建的，神庙一般建在城中的高地上。在城市建设中他们也加入了许多自己的特色，古罗马人常常以他们宏大的供水系统和排污系统为豪。在城市规划中他们还注重实用性和秩序性，使城邦变得愈加世俗化、军事化。比如，他们弱化了神庙的职能，建造了更多公共浴场、剧院、角斗场之类的世俗建筑。为了适应军事化需求，古罗马城的外围有专门的军事化营地，以及为使军队快速流动而修建的道路网。

随着领土的不断扩大，为了安置远征军，古罗马人还在帝国的各个角落修建了众多的营寨城。在营寨城里，兵营是最基本的单位，商店等生活设施散布其中，就像一个五脏俱全的小堡垒。

中世纪城市

中世纪的城市开始呈现环状或放射状的道路网，更加注重以人为尺度，追求有机布局和背后的内在秩序。公共区与私人区也不再像古典城市那样严格地隔离。

中世纪的西方城市大多归国王或领主所有，大致形态可以分为以下 3 类：

一类以教堂等宗教建筑为中心，教堂前面有广场，道路沿着广场向周围的居民区辐射。

一类是由已经奠定了基本格局的历史城市发展而来，如由古罗马的营寨城演变而来的伦敦、巴黎等城市。这些城市有浩大的防御工程，还遗留了纪功柱等炫耀战功的公共建筑。

一类是以城堡为中心发展起来的城市，四周分布着被贵族控制的农庄和土地。

随着商业的繁荣和市民阶层的崛起，威尼斯等一些城市试图脱离国王或领主的统辖，开始实行自治。这些城市在布局上更加自由，城市中建有大量的手工作坊、市场和图书馆，现代大学也相继出现。

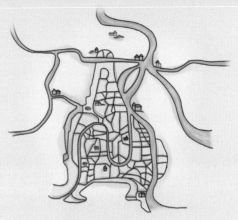

▲意大利的威尼斯在 8 世纪开始自治，一条"S"形河流贯穿城市，水路四通八达，市政厅、商场、富商的府邸等布局在交通便利的河流沿岸。

▲12 世纪的英国赫里福德，是由村镇发展起来的城市，城市区域逐渐向河流对岸扩张。

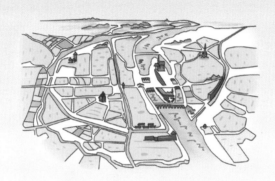

▲中世纪的巴黎市区，周围有一圈高高的城墙，它是在高卢人和罗马人修建的城墙基础上发展而来的。

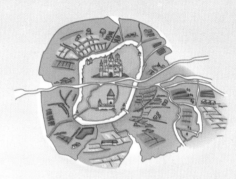

▲中世纪欧洲的贵族酷爱在领地内建城堡，并以此为据点来控制、争夺周围的土地和农民，很多城堡发展到后来就变成了一座小型城市。

中国的城市

和西方的城市相比，中国的城市在规划时更注重军事防御和行政功能，宗教和公共职能相对较少。都城以统治者居住的宫殿为核心，以不同的功能特征划分居住区域。普通的城市则以官署为中心，居民根据从事的职业不同，自然形成大致的居住区。地形和经济因素也会影响城市的空间规划，如依靠大运河发展起来的水边城市扬州。

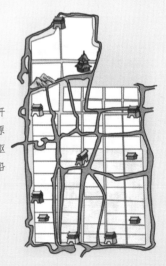

▶扬州城在隋唐时因为大运河的开凿、安史之乱后经济重心南移等原因，逐渐变成了江南重要的经济枢纽，城市规划受地形条件限制，沿河道向南发展。

◀唐代长安城由宫城、皇城和外郭城 3 部分组成，一条朱雀大街呈南北中轴线纵贯全城，城内 108 个里坊沿着中轴线呈棋盘状对称布置、均匀分布。

9 地上空间的发展

刚学会建房子的时候，因为生产力水平有限，人们只能建造简单的建筑。随着人类的发展和进步，他们不断向更高处探索，企图更有效地利用地上空间，于是出现了更高、更多功能的建筑。到了近代，因为钢筋混凝土的加入，耸入云霄、离星辰更近的摩天大楼出现了。

① 祭坛

① 早期人们搭建的茅草屋和小木楼多是单层或双层的。那时候最高的建筑往往并非人的居所，而是具有宗教意义的建筑，如祭祀天地神灵或祖先的祭坛。

② 古埃及人相信人死后灵魂不会消亡，所以非常热衷于修筑陵墓。金字塔就是古埃及法老给自己修的陵墓，用以保证他们死后也能过上舒适的生活。现存最高的金字塔是高约146.5米的胡夫金字塔。

③ 北美洲的阿兹特克人和玛雅人也曾建造过类似金字塔的建筑，那是用于祭拜太阳神、月亮神和羽蛇神等的神庙。位于今天墨西哥的库库尔坎金字塔高约30米，是玛雅人留下的古文明遗址。

④ 古印度人因为信奉佛教，所以非常注重佛塔的修建。佛塔原是用于安放佛陀火化后留下的佛舍利，后来也是朝圣者膜拜的圣地。阿育王时代修建的桑奇佛塔，经历代扩建，现在是世界上现存最古老、保存最完整的佛塔遗址，其中最壮丽的桑奇大佛塔高约16.5米。

⑤ 泰姬陵是印度北部一座用白色大理石建成的巨大建筑，高约73米。相传，它是莫卧儿王朝第五代皇帝沙·贾汗为了纪念他去世的皇后而建立的陵墓。

② 胡夫金字塔

③ 玛雅金字塔

④ 桑奇大佛塔

⑤ 泰姬陵

⑨ 烽火台

⑦ 钟楼

⑥ 空中花园

⑪ 望火楼

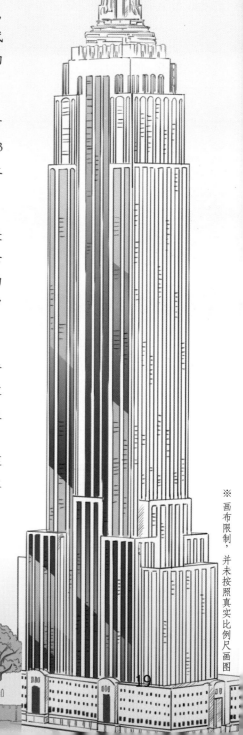

⑬ 纽约帝国大厦

⑥ 早在公元前6世纪，巴比伦的国王尼布甲尼撒二世为他的王妃修建了一座奇迹般的建筑。那是一座奇异的宫殿，建在由许多20多米高的柱子支撑起的平台上，建筑物逐层收小，四周种满了奇花异草，远远看去，就像是悬在空中的花园一样，美丽极了。

⑦ 在古代中国，也有很多具有特殊功用的高层建筑，如专门用于报时的钟楼和鼓楼，早上敲钟，晚上击鼓。这些钟鼓楼的高度大多在20米以上，报时的钟和鼓就放置在楼顶，撞击之声可以传得很远。

⑧ 西方的教堂也会建造钟楼。意大利佛罗伦萨大教堂的钟楼高约15米，站在上面可以俯瞰整个小镇。钟声除了可以提醒人们按时参加礼拜，还有报时、预警、宣告大事等职能。

⑨ 出于军事需求，人们也会建造一些高层建筑。例如，长城上的烽火台，建得高高的是为了方便观察敌情，及时预警。岳阳楼、黄鹤楼等建筑的建造相传也有这方面的作用。

⑩ 而同样作为"中国四大名楼"之一的滕（téng）王阁，修建目的就单纯多了，纯粹是为了站得高、看得远，是唐代的滕王李元婴为了观景享乐而修建的高楼。我们今天看到的滕王阁是后来重建的，高约57.5米。

⑪ 在北宋的汴（biàn）京城，会在城市的高处建造具有防火、预警功能的望火楼。它的结构相对简单，就是高约9.3米、建在立柱上的方形小楼。潜火队的士兵值守在望火楼上观望，一旦发现火情便能及时预警。

⑫ 中世纪的欧洲贵族尤其热衷于建城堡，这是一种兼具居住、军事防御和政治划分等多种功能的建筑，如泰晤士河畔见证了英国历史的伦敦塔。它是一组塔群，中央是高约32.6米的白色诺曼底塔楼。伦敦塔不仅具备防御功能，还曾是英国国王的宫殿和牢笼，是一座充满故事的历史建筑。

⑬ 造价低廉的钢铁帮助人们实现了建造摩天大楼的梦想。1885年，美国的建筑师詹尼建成的10层高的芝加哥家庭保险公司大厦，是用现代钢框架结构建造的第一座摩天大楼。自此，人类住宅、办公空间开始向更高层空间拓展。

而在1931年建成的纽约帝国大厦则是保持世界最高建筑地位最久的摩天大楼，在建成后的41年里一直是世界最高的摩天大楼。

⑧ 教堂的钟楼

⑩ 滕王阁

⑫ 伦敦塔

※ 画布限制，并未按照真实比例尺画图

19

10 地下空间的发展

在向上拓展空间的同时，人们对地下空间的开发和利用从未停歇过。

居住与储存

在生产力水平低下时，天然的山洞是原始人舒适的家，不仅能防寒暑、避风雨，还能躲避野兽的侵袭。

后来一部分原始人迁徙到平原地带，这里很少有山洞，怎么办呢？一些人开始模仿山洞的形状在地面挖坑，挖好后用树枝和枯草盖住出入口，一个简单的地下洞穴就完成了。再后来，人们把地上的部分用木头支撑起来盖个屋顶，半地穴式居所出现了。

相比地上，地下的温度更为稳定，可以说是冬暖夏凉。因而，当房屋建筑水平得到发展，人们不再住在地下后，还是很喜欢利用这些空间储存食物，这也是地窖（jiào）、酒窖等储存空间多建于地下的原因。

▲ 城堡的地下酒窖

▲ 教堂的地下墓室

地下陵寝

除居住和储存外，人们还在地下修建墓室和陵寝。

从石器时代开始，人类就有埋葬死去同伴的习俗。西方的很多基督教堂都设有地下墓室，是教徒合葬的场所。在中国，墓室大多归个人或家族所有。一般来说，生前的地位越高，死后的陵寝越大。

中国古代有身份的人都热衷于建造华丽的地下宫殿，其中最有名的要数秦始皇了。据司马迁在《史记》中的记载，秦始皇陵中不仅藏有各种奇珍异宝，为了防范盗墓贼，还设了很多精密的机关，并用水银贯穿墓道。墓门封闭后，墓上面栽种草木，从外表看就像一座山。

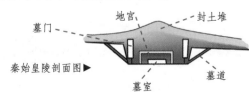

秦始皇陵剖面图▶

▼ 秦始皇陵地宫假想图

地下公共设施

当人口密度比较高、城市比较发达时，很多建在地下的公共设施也出现了，如下水道。

公元前 600 年，古罗马人雇用伊特鲁里亚人在罗马城挖了一条将近 5 米宽的下水道，将广场的积水输送入台伯河，这就是著名的马克西姆下水道。它最初似乎是一条明沟，但总有行人掉进排水沟中，后来才重建为地下暗渠，又扩建了 7 个分支。直至现在，这条马克西姆下水道仍然承担着为罗马排水和排污的功能。

▲马克西姆下水道

地铁

当城市发展到一定程度之后，大量住宅、商店、办公楼等相继建造起来，城市越来越拥挤，快要爆炸了。除建筑空间向上、向下发展外，交通运输也开始向下发展。越来越狭窄的街道已经不能提供更好的交通条件，为了让城市快速动起来，地铁出现了。

世界上第一条地下铁路系统是由皮尔逊在 1863 年主持开通的英国伦敦大都会地铁，全长约 6.5 千米。这条地铁线采用"明挖回填"的方式建造，用蒸汽机车牵引列车。因为建在地下，地铁可以不受地面交通状况和自然条件的影响，大大拓展了城市空间，也缓解了城市的交通压力。

地道和防空洞

接下来，我们讲一讲地下军事设施的建设。早在战国时期，《墨子·备穴》中就有开凿地道进行攻防战的明确记载。古代负责挖掘地道的军队有"掘子军""沟鼠军"等称呼。人们挖地道，主要是为了快速、隐蔽地到达部署地点，出其不意地攻击敌人，也可以在无法有效御敌时，快速而隐秘地撤退。

在抗日战争时期的华北地区，"地道战"更是发挥了出其不意的游击效果。抗日军民利用地道不仅保存了自己的力量，还非常有力地打击了敌人。

同样作为地下军事掩体的还有防空洞。人们修建防空洞，主要是为了抵御敌人空袭和轰炸。在听到空袭警报后，人们会迅速撤进防空洞中，可以在很大程度上减少人员伤亡和财产损失。有的防空洞也用于存放战备粮或军需物资，因为建在地下，相对隐蔽，也相对安全。

神秘的地下世界

从地表向下穿越，首先到达的是土壤层。一般来说，在地下0~100米，是生命可以保持活跃活态的区域。

漫画布限制，并未按照真实比例尺画图

地下约2.5米处，这里是土拨鼠等地下穴居动物的巢态。

在地下约3.6米处，这里是建筑大师，非洲白蚁的家。

地下3~5米，建筑物的地基一般打在这个深度。

地下4米，埃及法老图坦卡蒙理葬在这和深度。

在1939年的纽约世博会上，人们埋下了一颗时间胶囊，它就藏在地下15米深处。

TIME CAPSULE

挖洞能力超强的尼罗鳄，住在地下12米深的洞穴中。

大多数的地铁站修建在地下10~20米的地方。

早在3000多年前，土耳其人在地下修筑了著名的德林库尤地下城。它一直深入到70~90米的地下，共有1200多个功能的房间。

据被称为"瑞典珍宝箱"的萨拉银矿，银矿废弃后这里被改造成萨拉洼酒店，它是全世界最深，最安静的酒店。地下约155米处有

波兰地下约212米深处有一座被使用了700多年的博赫尼亚盐矿，这里曾举办过全球最深的一场半程马拉松比赛。

地下还有着丰富的矿藏，以及人类为了采矿开挖的矿洞。

2.5
3.6
5
12
15
70
155
4
20
212
22

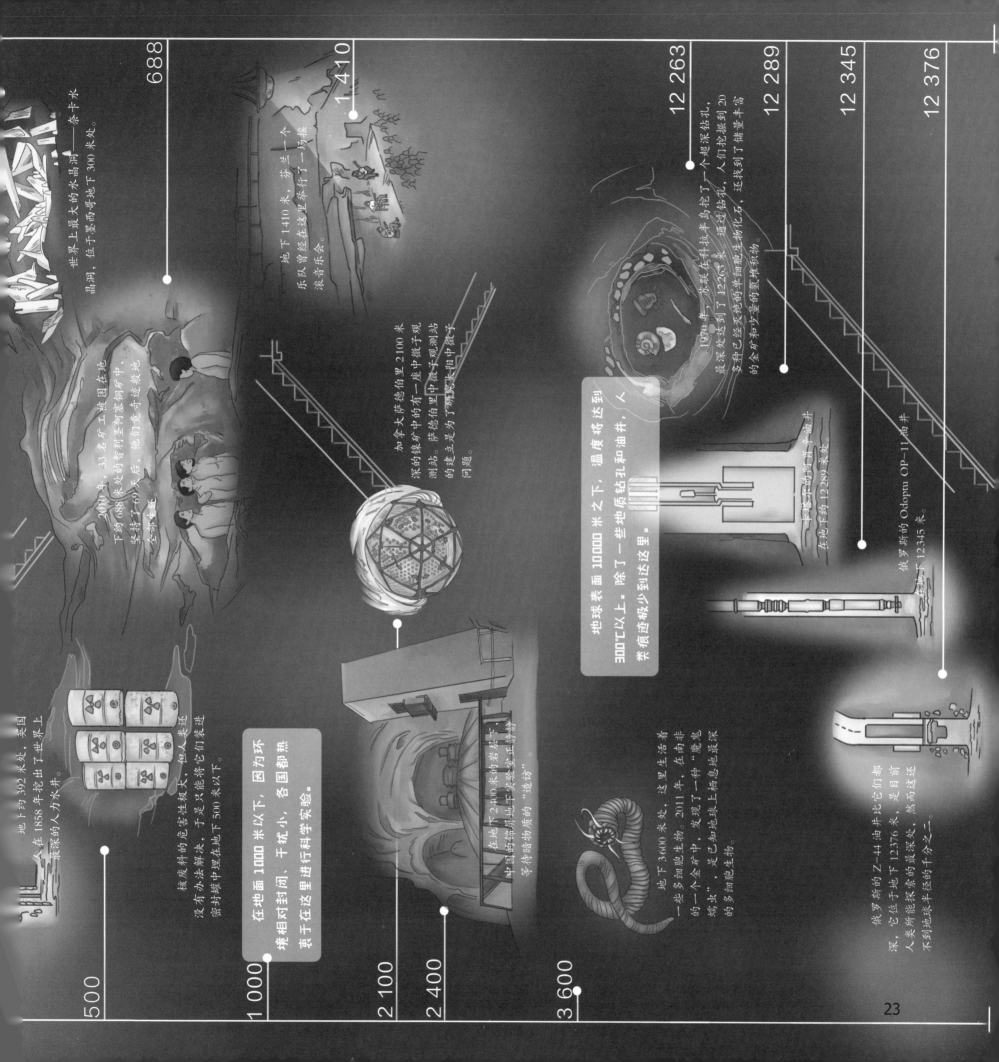

500

地下约392米处，美国人在1858年挖出了世界上最深的人力水井。

核废料的危害性很大，但人类还没有办法解决。于是只能将它们装进密封罐中埋在地下500米以下。

688

世界上最大的水晶洞，位于墨西哥地下300米处。晶洞。

2010年，33名矿工被困在地下约688米处的智利阿豪铜矿中，坚持了69天后，他们竟奇迹般地全部生还。

1 000

在地面1000米以下，因为环块相对封闭，干扰小，各国都热衷于在这里进行科学实验。

1 410

地下1410米，芬兰一个乐队曾在这里举行了一场摇滚音乐会。

2 100

加拿大萨德伯里2100米深的镍矿中有一座中微子观测站。萨德伯里这里建立了这座中微子测站的，是为了研究太阳中微子问题。

2 400

在地下2400米的岩层下，中国的锦屏地下实验室正静静地等待暗物质的"造访"。

3 600

地下3600米处，这里生活着一些多细胞生物。2011年，在南非的一个金矿中，发现了一种"魔鬼线虫"，是已知和地球上栖息地最深的多细胞生物。

地球表面10000米之下，温度将达到300℃以上。除了一些地质钻孔和油井，人类痕迹极少到达这里。

12 263

1970年，苏联在科拉半岛挖了一个超深钻孔，通过这个钻孔，人们挖掘到了20多种矿和全矿及发现了储量丰富的最深处达到了12263米，还找到了古生物化石的单细胞的氢气堆积物。

12 289

12 345

俄罗斯的Odoptu OP-11油井。

丰益不的阿干油井-井油井在地下约12280米处。

12 376

俄罗斯的Z-44油井比它们都深，它位于地下12376米深，是目前人类所能探索的最深处，然而这还不到地球半径的千分之一。

23

人们为什么喜欢"征服"呢？

探险家乔治·马洛里说："因为它就在那里。"

陆地上最高的地方：珠穆朗玛峰

喜马拉雅山脉的主峰珠穆朗玛峰海拔 8848.86 米，有"世界屋脊"之称。

远古时期，这里曾是一片汪洋，喜马拉雅山地区厚达 3 万米的海相沉积岩层可以证明。后来，大陆板块开始运动，强烈的造山运动开始了。平均每 1 万年，珠峰的身高就要长高 20 米左右，日积月累，最终呈现为现在的状态。

因为海拔够高，珠峰的气温常年低于 -30℃，积雪终年不化，随处可见冰川、冰坡和冰塔林等景观。峰顶的空气稀薄，狂风怒号，不时还有雪崩发生，环境非常恶劣。

然而，雄伟壮丽的珠峰吸引着各国登山爱好者尝试去攀登。1953 年，新西兰人埃德蒙·希拉里和他的尼泊尔向导丹增·诺尔盖成为最先成功登顶珠峰的人。

陆地上最湿的地方：怀厄莱阿莱

夏威夷群岛中有一座神奇的考艾岛，考艾岛上的怀厄莱阿莱是陆地上最湿的地方。这里一年中大概有 330 天都在下雨，很难见到太阳。

之所以会这样，是因为这里常年吹东北信风，岛上的威阿列勒山像一座屏风一样，挡住了信风的去路，使冷热空气交汇形成对流雨、地形雨等多种形式的雨，而怀厄莱阿莱正处在迎风坡上。

得益于当地丰沛的降水，一条条涓涓细流从山谷中流出，形成一条条"泪痕"，是难得一见的美景。但当地人可高兴不起来，因为潮湿多雨，他们的衣物常年都潮潮的，被子上甚至会长出蘑菇！

陆地上最热的地方：卢特沙漠

伊朗境内的卢特沙漠，地表被火山熔岩所覆盖，美国宇航局的卫星曾测到这里的表面温度高达 71℃，这可能也是地球表面记录的最高温度。

这里的高温能烤熟小麦，下雨的时候，雨水往往还没落到地上就蒸发了。当地倒也有水源，但水又苦又咸，不能饮用。也正因如此，附近少有动植物的存在。

每年 6-10 月是卢特沙漠最热的时候，经常有大风使沉积物输送堆积，造就了大范围的风蚀（shí）雅丹地貌，就像是一座座"沙丘城堡"矗立在沙漠中，无比壮观！

陆地上最冷的地方：南极洲

南极洲是地球上发现最晚的大陆，也是陆地上最冷的地方，这里平均积雪厚度达到 1700 米，终年不化，又干又冷，最低温度可达 -94.5℃，同时也是风暴最多、风力最大的陆地。

1820 年，俄罗斯航海家冯·别林斯高晋最先发现南极洲。1911 年 11 月，挪威探险家罗德·阿蒙森率领探险队首次到达南极极点。

南极洲的干谷是陆地上最干燥的地方。这里终年刮着大风，水汽很快就被蒸发，2000 多年来几乎没有任何降水，地面上到处是沙石，是整个南极洲唯一没有冰雪覆盖的地方。

13 我会认地图、辨方位啦！

在哪里？去哪里？

方向作为一个概念，通常与参照物密不可分。

人类发展的初期是以自身作为参照物的：头顶的方向是上；脚底的方向是下；身体左侧的方向是左；身体右侧的方向是右；脸面对的方向是前；背后的方向是后。

后来，因为生存需要，一些客观的参照物也引起了人们的注意，如水源、山洞、果实累累的树林……为了到达这些地方，并把这种经验传授给后人，人们把这些参照物简化成符号，画成最原始的地图。

地图在发展

地图的历史可以追溯到 4500 年前，那时的人们用简单的方式，将自己对周围环境的空间认知记录在石板、兽皮等事物上。

中国的地图在西周时期已经有了广泛的应用。周公在选定洛邑城址时，会事先绘制好地图；周天子在分封诸侯时，会将所分属地的地图赐给他们，如果诸侯之间因为属地发生争执，就可以"以图正之"。

古埃及的农业也催生了具有数学意义的、用图形表示土地轮廓和数量的地图。

古希腊罗马时期，地图的应用从农业扩展到海上贸易和军事战争，人们学习埃及的几何学与地理知识，编制出具有比例尺、范围更大、更精确的航海图和世界地图。

在纸张没有普及的时候，古代的地图一般画在羊皮纸上或刻在石板上。后来，便于携带的纸质地图开始普及。到了科技高速发展的现代，电子地图、卫星地图层出不穷，地图的内容也越来越精准了。

学校　　医院　　桥梁　　道路　　家

绘制一幅"家一学校"的简易地图

26

图例

市委、市政府	学校
区委、区政府	医院
乡级政府	寺庙
村级政府	旅游景点
企事业单位	体育场馆
宾馆	长途汽车站
酒店、饭店	加油站
银行、储蓄所	铁路车站
邮政局	桥梁
地级界	主干道
乡镇级界	规划主干道
城际高速铁路	主要街道
在建城际高速铁路	规划主要街道
一般铁路	次要街道
在建、规划一般铁路	规划次要街道

现存最古老的地图是公元前25—前23世纪巴比伦人绘制的地图。它被刻在陶片上，描绘的是古巴比伦及他们眼中世界的样子。虽然这块地图的样子很不起眼，但它却是窥探古巴比伦文明世界不可多得的资料。

一幅标准的地图，通常具备4个要素：比例尺、方向、地标、注解。

比例尺。指的是图上距离与实际距离的比值，根据这个比值，量出图上距离，经过计算，就可以得知实际距离。

方向。指的是基本的方位。一般来说，遵循"上北、下南、左西、右东"的原则。

地标。指的是重要的参照物，如街道、超市、医院、电影院、公交站等。

注解。指的是地图上的符号都代表什么，如医院用红十字代替，如果没有注解，读者很可能完全看不懂地图。

小朋友们可以将户外自己熟悉的范围画出一张藏宝地图，设计好寻宝线索和寻宝路线，然后邀请朋友来一场有趣的寻宝之旅！

煤炭是蒸汽机的主要燃料，是埋藏在地下的"黑色金子"。第一次工业革命期间，瓦特改良蒸汽机并投入生产，使工业生产有了更加便利的动力，迅速引发了各个领域的变革，包括交通运输业。

世界上第一辆用蒸汽驱动的三轮汽车是法国人居纽在1769年前后制造的。每次开车前，都需要先让前面的那口大锅加热大约15分钟，聚起来的蒸汽推动汽轮转动才能带动汽车启动，然后慢慢悠悠地走上几分钟，就动力耗尽了。

从轮子的发明到车的出现，似乎都是在为**汽车**的问世做准备。汽车是一种不需要畜力牵引、有动力系统的交通工具。比起火车，汽车不需要轨道，具有机动、灵活、使用方便等优点。

早在1881年，古斯塔夫·特鲁夫就制造出了一辆电动汽车，但因为当时的技术还不成熟，速度甚至比不上马车，所以并没有引起公众的太多注意。不过，随着技术的进步，电动汽车的速度慢慢追上来了。

1885年，德国人卡尔·本茨成功制造了第一辆用汽油内燃机驱动的实用汽车，这算是现代汽车的鼻祖。

14 更快地跨越空间

到了近代，科技的发展，尤其是蒸汽机、内燃机、电动机的广泛应用及各类新型现代交通工具的问世，让人们能够更快地跨越空间。

蒸汽机发明后，尝到甜头的人们，不只用它改良各种各样的车，还试图通过它提升船的速度。1807年，美国人罗伯特·富尔顿制造的"克莱蒙特号"蒸汽船在哈德逊河上试航成功，时速8千米。

以石油等为燃料的内燃机的发明，拉开了第二次工业革命的序幕。石油等化石燃料在机器内部燃烧，放出的热能直接转换为动力，热效率大大提高。

火车是现代长途运输最重要的交通工具之一。它需要在铁路轨道上行驶，通常由多节车厢组成，可以载运大量的乘客或货物。

1879年，德国人西门子设计制造了一台能牵引三节车厢的电力机车，通过沿线专门铺设的电网供电，这是电力机车首次成功的试验。

最早的火车是以蒸汽发动机为动力的机车。1814年，英国人乔治·斯蒂芬森制造并试运行了他的第一辆蒸汽机车。

"绿皮火车"曾经是中国铁路客运的主力车。它的动力来源是列车前方的牵引机车，也就是"火车头"，普遍使用的是电力机车或内燃机车。

28

而现在速度最快的陆上交通工具是磁悬浮列车。中国自主研发制造的世界上首台高温超导磁悬浮列车时速可以达到 620 千米。1984 年，从英国伯明翰机场到火车站之间铺设的世界上第一条以磁悬浮力来推动的列车线正式运营，旅客乘坐磁悬浮列车从机场到火车站仅需 90 秒。

1964 年，日本建成了东海道新干线，由东京至大阪，全长约 515.3 千米，它是世界上第一条投入商业运营的高速铁路。

20 世纪初，柴油机开始应用于船上。1904 年，俄罗斯油轮"汪达尔号"建成，在伏尔加河和里海上航行，是世界上第一艘柴油远洋轮船。之后，柴油轮船担负起大宗跨海运输的重任。

1903 年，莱特兄弟驾驶着人类第一架重于空气的航空器完成持续而且受控的动力飞行，开启了人类飞行的历史。此后，人们依靠各种大型客机实现快速跨地域飞行。

现代**轮船**不再依靠风帆的力量，而是用机械发动机推动航行，多用钢铁制造。

飞机是以动力装置产生前进力，在空中飞行的重于空气的航空运输工具。

除了交通工具有很大的进步，人们修桥铺路的技术也越来越精湛，甚至可以架设长达几十千米的跨海大桥。它们与海底隧道工程相结合，跨越海湾、海峡等阻隔，使人们对快速、便捷地到达大海的彼岸有了更多的选择。

29

静电

2500 年前，古希腊人发现，毛皮摩擦过的琥珀可以吸起细小的尘埃、毛发一类的物质。

电子管和电子产品

1904 年，英国物理学家安布罗斯·弗莱明发明了电子管。后来的无线电、录像机、收音机、激光唱机、游戏机、影碟机等都是以电子管为基础的，也正因此，这些富有娱乐性质的发明被称为"电子产品"。它们代表着电子时代的到来，使人们的生活变得更加丰富多彩。

尼罗河中生活着一种可以放电的电鲇（nián），古埃及人捕鱼时常常会被它电到。

发现电的存在

很早以前，古埃及人就知道"电"的存在，且知道它具有一定的危险性。

开启电时代

但直到 17 世纪，人们才开始系统地研究电磁学。

接着，电子的发现，促进了电机工程学的蓬勃发展。电报、电话相继发明，使远隔千里的人们可以快速联系到彼此。

计算机的发明

电子管也被用作制造计算机。世界上第一台计算机包含 17840 只电子管，重达 28 吨。它问世于 1946 年，主要用途是为美国军方计算弹道。

后来的计算机也被用于科研、工业控制，1964 年以后逐渐延伸到文字和图像领域。

我是更加小巧、便携的便捷式计算机，可以随意放进随身包中带着走呢。

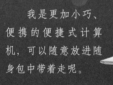

我是你们的老前辈。机械计算机，由杠杆、齿轮等机械部件组成，早已经退休了。

我是主机和显示器分离的台式计算机，比起第一台计算机我的个头可是小了不少呢！

微型计算机

随着科技的发展，芯片的集成度变高，计算机的体积越来越小。1971 年，微型计算机诞生了。20 世纪 70 年代，计算机的生产成本大幅下降，价格较之前便宜，运算速度却越来越快，功能更加齐全，计算机渐渐走进千家万户。

五光十色的网络

最早的网络出现在 1969 年的美国，用于军事和科研目的。借助网络和计算机实现资源共享，是网络发明的初衷。

随着入网计算机的增加，人们交换的信息越来越多，一个庞大而精彩的虚拟空间被建造起来。通信、娱乐、购物、获取资讯……相比于现实空间，人们在虚拟空间可以获得更大程度上的自由，能做的事情也更多，更方便。

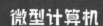

依靠互联网搭建的虚拟空间，让地球各处的人们联系更加紧密，世界就像是一个"地球村"。

16 地中海的风浪

虽然人类必须长期生活在陆地上，但千百年来，人们从未停止过对海洋的探索。在诸多海域中，地中海是最先被人们熟悉的。

《1》地中海的腓尼基人

腓尼基人生活在古代地中海的东岸地区，腓尼基是古代地中海东岸一系列小城邦的总称。

地中海东岸多山，不适合种植谷物，但出产的木材适合造船，又因为多良港，所以早在4000多年前，生活在那里的腓尼基人就以出海经商为生。他们用八九米长的木船载着象牙、乌木、矿石等商品，不仅和地中海沿岸的各个城邦做生意，还控制了通往印度洋的航线。

"腓尼基"这个词本义是紫红色，由于腓尼基人居住的地方盛产一种紫红色染料，用它来染布，颜色鲜艳而牢固。腓尼基人将这些布匹运销地中海各国，所以希腊人称他们为腓尼基人。

《2》环绕非洲

腓尼基人也是最先完成环绕非洲航行的人。公元前600年前后，他们在埃及国王的支持下，组建了一支船队，由红海北端的亚喀巴湾出发，花费3年时间，一路沿着海岸线绕过南非再向北，最终顺利从直布罗陀海峡回到地中海，完成了长达3万千米的航程。

《3》争夺地中海

不过，曾经强盛一时的地中海霸主腓尼基先是被新巴比伦王国所灭，又成为波斯的附庸。之后，波斯企图继续向西扩张，却遇到了劲敌希腊，希波战争爆发了。随着波斯的战败，希腊确立了对地中海东部的控制权。

地中海西部，罗马与迦太基（腓尼基人移民建成的城邦）先后进行了3次布匿战争，以迦太基的彻底灭亡而告终，战胜者罗马取得了地中海西部的控制权。

《4》海上掠夺者

随着希腊的逐渐衰亡，罗马成为横跨欧亚非三大洲的帝国，占据了整个地中海地区。但活跃在地中海的海盗们，始终是罗马的一块心病——他们以众多小岛为基地，打劫商船，抢劫沿岸平民，甚至俘虏过大名鼎鼎的恺撒。

忍无可忍的罗马派庞培率12万人出征地中海，对海盗进行了一次毁灭性打击，地中海暂时恢复了往昔的平静。

《5》桨帆船与灯塔

最早活跃在地中海的船只是桨帆船。它身形细长，吃水浅，顺风的时候，靠风帆航行；逆风或逆流的时候，靠人力划桨前进。

为了不让船只在海上迷失方向，人们想出了在海岸高处建造灯塔，为过往船只指引方向的办法。

公元前660年，特洛伊城率先在巴巴角建起了用于引航的灯塔，这座灯塔的外形像一座钟楼，楼顶有放木炭的容器，人们将木炭点燃，用火焰指引航路。

后来，古罗马也在奥斯蒂亚港建了一座4层的灯塔。以此为开端，古罗马又建了许多灯塔，形成了世界上最早的灯塔网络体系。

33

17 维京时代

我们常常会听到关于维京人的传说，他们以头戴有角的头盔、身披毛茸茸的熊皮斗篷、手持战斧的形象出现，有时是野蛮残暴的海盗，有时是开疆拓土的勇士，有时是精明的商人。你想了解更多关于他们的故事吗？

"维京"一词源于古斯堪的纳维亚语，意思是驾舟出没于海湾的人。维京不是一个国家或民族，它更像一个松散的部落联盟的形式。现在的挪威、丹麦和瑞典的一部分地区被认为是维京人的故乡，他们曾在那里建造了城镇和堡垒，形成了自己的文化。

但是那里靠近极北苦寒之地，生存不易，所以维京人常常驾舟出海，寻找新的生机。

他们用橡树建造长长的大船，配上铁质的利斧和头盔航行于海上。他们是战士、商人、水手、海盗、巫师、工匠，也是探险家。

维京人的大船

维京人非常重视他们的船。这些船一般是橡木材质的，长 10～30 米，排水量在 50 吨左右。船体修长，能抵御风浪；船头弯曲，上面雕着精美的图案；船中间只有一根桅杆，上面挂着方形的帆。

因为吃水浅，维京船轻便、灵活、速度快，既能在海洋里行驶，也能驶入河道及浅湾。美中不足的是，这种船的甲板是露天的，晚上船员睡在上面，又冷又湿，很不舒服，一不留神还可能会掉进水里。

维京人的足迹

公元 395 年，盛极一时的罗马帝国被狄奥多西一世分给他的两个继承人统治，自此，罗马帝国分裂为东、西罗马帝国。之后，日耳曼人灭掉了西罗马帝国，建立了大大小小数不清的国家。也是在这时，北欧的维京人开始坐船南下，登上了欧洲历史的舞台。

这些来自斯堪的纳维亚半岛的人非常强悍，喜欢用战斧。作战的时候，他们先向对方投掷长矛、发射"火箭"，再近身肉搏。他们驾船纵横四海，足迹遍布整个欧洲与北大西洋，甚至在哥伦布发现新大陆前 500 年就到达美洲大陆。他们在海外建立起众多的王国，其中一些延续至今。

南下的这些维京人中，一支维京人作为海盗，侵扰英格兰和爱尔兰。

一支维京人经过直布罗陀海峡，进入地中海，在如今的法国境内建立了诺曼底大公国。

一支维京人作为商人，去里海沿岸和附近的阿拉伯人做生意。

一支维京人沿着内陆河，穿越波罗的海，进入第聂伯河，到达现在的俄罗斯。

10 世纪末，一些维京人从格陵兰岛向西航行，到达北美洲的加拿大。他们惊讶于那里的物产丰饶，试图定居，却只在那里生活了不到 10 年。因为他们和当地人发生了冲突，遭到对方的报复，最终被迫离开。

一支维京人进入北大西洋，发现冰岛、法罗群岛、格陵兰岛等，并定居下来。

18 挺进大西洋

古时候，西欧人的航海活动大多在内海，12 世纪后，才开始对大西洋进行大规模探索。大西洋浩瀚辽阔，风浪更大。虽然一开始人们还是依照从前的习惯，尽量靠近海岸线航行，但气象条件千变万化，稍有不慎，就会偏离航线。

北极星、罗盘与航海图

幸好，在早期的航行中，人们已经发现，北极星总是指向正北，在不同的海域，北极星的高度也有所不同，根据这些可以大概判断自己所处的方位，调整航向。

12 世纪，阿拉伯人把中国人发明的指南针传入欧洲。在指南针的基础上，更为精确的航海罗盘被发明，使人们在恶劣天气下，不用依靠北极星也可以确定航向。

同一时期，以海岸、海滩、海岛等内容为主的航海图变得更加精细、具体，逐渐和陆上地图分开。这些航海图一般都有图解和比例尺，用罗盘方位线标注位置。

从阿拉伯商人手中购买的罗盘

父辈传下的航海图

北极星

远洋航行的船

　　能进行远洋航行当然离不开造船技术的进步。13世纪，柯克船流行于北欧。它长约30米，船体细长，只在中央有一根桅杆，上面挂着方形帆。它的排水量较大，为100吨到200吨。

　　14世纪，人们在柯克船上增加了几根桅杆，后桅用于挂三角帆，它既能抵抗强风，又能根据风向灵活转向，这种新船被称为卡瑞克帆船。卡瑞克帆船是欧洲历史上第一种用于远洋航行的船，庞大的体积使它能够在汪洋大海中保持稳定。

　　此后，造船技术越来越先进，人们对大西洋的探索越来越深入。1492年到1502年间，哥伦布在西班牙王室支持下率领船队4次横渡大西洋，并成功到达美洲。

19 亚欧大陆的另一端

前面，我们了解了大西洋沿岸人们对海洋的探索。在亚欧大陆的另一端，发明神奇指南针的神秘东方，又有哪些好玩的海洋探险故事呢？

《1》早期的海洋航行

其实，早在先秦时期，岭南的先民就开始在南海一带打渔为生了，后来还有一些人背着包袱、划着小船渡海去到南太平洋、东印度洋一带生活。

《2》海上丝绸之路的兴起

根据《新唐书·地理志》的记载，唐朝时，东南沿海有一条通往东南亚、印度洋北部、红海沿岸、东北非和波斯湾诸国的海上航道，即所谓的"广州通海夷道"，这大概是"海上丝绸之路"的最早叫法。

宋元时期，瓷器和香料逐渐成为这条海上航线的主要货物，所以这条航线也被叫作"陶瓷之路""香料之路"。在当时的印度洋东海岸，商业贸易中占主导地位的是一群来自阿拉伯的商人。他们频繁来往于印度与两河流域、地中海沿岸，将这条商路与欧洲连接起来。

宝船采用水密隔舱技术，舱与舱之间互相独立，形成密封互不透水的结构。当船发生触礁、碰撞等造成船壳破损时，即使某一船舱破损进水，也不会波及其他船舱。

〈3〉航海史上空前绝后的壮举

古代中国人的航海能力在郑和下西洋时达到了巅峰。

明朝永乐至宣德年间，郑和先后 7 次带领船队从刘家港出发，先向南航行至东南亚，又向西横穿印度洋，到达阿拉伯地区和遥远的东非，沿途经过爪哇（wā）、古里、暹（xiān）罗等 30 多个国家。

这些壮举得益于明朝强盛的国力，以先进的航海、造船技术为支撑。

当时，中国的海船采用水密隔舱技术，载重量可以达到万吨以上，每条船除承载货物外，还能容纳数千人。船上生活设施齐全，不仅有客房，还能种菜、酿酒，甚至养家畜、家禽。

在航行过程中，过洋牵星术、罗盘和航海图都发挥了很重要的作用。各船之间还通过灯笼、铜锣、号角等相互联系，避免走散。

郑和下西洋的主要条件：

强盛国力及统治者的支持。

罗盘、牵星术、航海图等先进的航海技术。

先进的造船技术：郑和宝船中最大的船约长 148 米、宽 60 米，是当时世界上最大的帆船。

20 葡萄牙人的大航海

15 世纪到 17 世纪，是西方海上探险的黄金时代，船队出现在世界各处的海洋上，寻找着新的贸易伙伴，也发现了许多当时在欧洲不为人知的国家与地区。接下来我们来讲一讲葡萄牙人在这一时期的海上探险之旅。

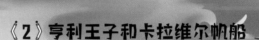

《1》寻找另一条路

在早期亚欧贸易中，长期占主导地位的都是阿拉伯商人，欧洲商人则处于劣势。15 世纪左右，统治土耳其一带的奥斯曼帝国崛起后，双方力量对比更加悬殊。

这是因为想要穿越亚欧大陆，阿拉伯地区是必经之地，也正是阿拉伯商人连接起了亚欧的贸易往来。

奥斯曼帝国的统治者基于宗教信仰等原因，更愿意对阿拉伯商人施以保护，而对欧洲商人百般刁难。于是，欧洲商人试图找到另一条路，绕过阿拉伯地区，直接和亚洲人做生意。

《2》亨利王子和卡拉维尔帆船

为了更好地探索陌生的海域，躲避暗礁和沙洲，在葡萄牙亨利王子的大力支持下，人们造出了有两根桅杆的卡拉维尔帆船。它只有约 20 米长，排水量为 50 吨到 100 吨，比卡瑞克帆船更小巧轻便，平衡力也更好。

在卡拉维尔帆船的帮助下，马德拉群岛、加那利群岛、亚速尔群岛、佛得角群岛、好望角等地相继被发现。为了提升速度，使之更适合远洋航行，人们又为它加了一根桅杆，成为后来盛行于 15 世纪的三桅帆船。

《3》迪亚士兄弟

经过数百年的经验积累，人们已经可以航行到大西洋的南半球部分，并且懂得通过观察太阳的中天高度来确定纬度。

1487 年，在葡萄牙国王的支持下，迪亚士兄弟沿着西非海岸南下，发现了非洲大陆的最南端——好望角。

《4》幸运的达·伽马

比起迪亚士兄弟，达·伽马走得更远——他的船队绕过好望角，向北进入印度洋，一直航行到东非海岸。经过短暂的休整，他们再次起航，恰好赶上西南季风（在印度洋中，风向和洋流会随季节发生变化。每年4-10月盛行西南季风，在北印度洋形成顺时针的大洋环流，沿海岸线自西向东航行时顺风顺水；11月到次年3月则反过来），终于在1498年5月20日顺利到达印度，开始和印度进行香料贸易。

41

21 西班牙人的海上探索

沿着达·伽马开辟的新航路，葡萄牙人和亚洲人的贸易一步步发展起来。这让他们的邻居西班牙人也跃跃欲试。他们认为，虽然阿拉伯人和葡萄牙人把向东的海路瓜分殆尽，但既然地球是圆的，那么向大西洋以西航行，一定也可以到达东方。

没错，这时候的西班牙，已经有人开始相信地球是圆的了。

早在公元前 6 世纪，哲学家毕达哥拉斯就提出了"大地是圆球形的"观点。

后来，亚里士多德通过一些生活中的发现验证了这个说法。比如，越往北走，就会看到北极星离地面越远；往南走，就会看到北极星离地面越近。再比如，当帆船从远处向岸边驶来时，会先看到桅帆，再看到船身。

如果地球是平的，就看不到这些变化了。

《1》哥伦布发现新大陆

哥伦布是一个意大利人，他自幼热爱航海冒险，长大后成了一名水手。受"地圆学说"的影响，哥伦布深信，从欧洲向西航行，同样可以到达盛产黄金和香料的东方国度，于是萌发了寻找西行航线的想法。

然而，当他去英国、法国、意大利和葡萄牙向王室游说时，都被拒绝了。

1492 年，在西班牙女王伊莎贝尔一世的支持下，哥伦布带领船队进入大西洋，一路向西南航行，成功到达加勒比海的巴哈马群岛。

一开始，哥伦布还以为到达的地方是印度，所以称当地居民为"印第安人"。直到 15 世纪末 16 世纪初，意大利人亚美利哥考察南美洲海岸，才断定这里不是亚洲，而是"新大陆"。因而，"新大陆"以亚美利哥的名字命名为"亚美利加洲"，简称"美洲"。

▲哥伦布航线

《2》殖民美洲和西班牙珍宝船队

　　哥伦布船队发现新大陆后，按照约定，资助他航行的西班牙王室成了这片土地的"主人"，逐步在这里建立起殖民地。在此后的3个世纪里，西班牙在加勒比海沿岸和美洲内陆的殖民范围越来越大。西班牙人在殖民地发现了许多贵金属和宝石、香料、烟草等产品，殖民地建设需要大量的物资和人口，频繁运送这些资源往返于西班牙本土和海外殖民地之间，使得西班牙需要比卡拉维尔船更大的船和规模更大的船队，为此西班牙组建了珍宝船队，外形巨大、载重量高的盖伦船也被发明出来。

《3》麦哲伦的环球航行

　　讲完了哥伦布，接下来讲一讲同样是在西班牙王室支持下完成环球航行壮举的麦哲伦。

　　麦哲伦也不是西班牙人，而是葡萄牙人。他听去过亚洲的水手说，东南亚的东边也是大海，加上日益流行的"地圆学说"，他猜测，那片大海以东也许就是哥伦布发现的新大陆，新大陆再向东，就是大西洋，而从欧洲向西穿过大西洋、新大陆和那片大海，也可以到达东方。

　　于是，他有了环球航行的打算。但当时的葡萄牙已经有了通往亚洲的新航路，不想再花费时间和精力支持他。西班牙虽然已经有了新大陆的殖民地，却没有通往亚洲的航路，于是愿意支持他。

　　1519年，麦哲伦船队从西班牙出发，沿非洲西海岸南下，驶过佛得角群岛后转向西行，横渡大西洋，到达南美洲的巴西、阿根廷等地，越过南美洲南端的海峡，进入太平洋。

　　之后经历了3个多月的航行，船队横渡太平洋，到达西太平洋的马里亚纳群岛，此后继续西行进入亚洲。

　　在菲律宾群岛，麦哲伦船队与当地居民发生冲突，麦哲伦不幸身亡。他的船员继续航行，在印度尼西亚得到了大批香料，最终经由印度洋、好望角返航，完成了人类历史上第一次环球航行。

　　麦哲伦船队的环球航行不仅开辟了新的航线，还证明了地球是圆的。

▲麦哲伦的环球航线

这里风平浪静、宁静太平，就叫"太平洋"吧。

22 殖民掠夺与三角贸易

早在古希腊时期，欧洲人就有建立海外殖民地的传统。随着地理大发现的深入，葡萄牙和西班牙继承了这种传统，开始大规模占领新发现的土地，努力扩大自己的殖民空间。

殖民掠夺

葡萄牙的殖民帝国建立在达·伽马航线的基础上。他们在非洲沿岸建立商站，以此为跳板进入印度洋，控制马六甲海峡和菲律宾群岛，打破了阿拉伯商人对东方贸易的垄断。因为巴西也是葡萄牙人发现的，所以成为葡萄牙的殖民地。

西班牙的殖民帝国建立在哥伦布和麦哲伦航线的基础上。西班牙的珍宝船航线有两条：一条跨越大西洋，往来于中美洲和西班牙之间；另一条穿越太平洋，从东南亚经由中美洲回到西班牙。

16世纪，法国也加入了殖民北美洲的队伍，开辟了从北大西洋去往北美洲的航线，从纽芬兰到如今的加拿大，一路向南扩张，后来因为眼馋西班牙的财富，还和英国一起组织了大批私掠船，抢劫西班牙的珍宝船队。

在此基础上，一条"三角贸易"航线形成了。

非洲黑人被贩卖到美洲后，为奴隶主开采金属矿，或在各类种植园中充当劳动力。

欧洲殖民者奴役甚至屠杀美洲原住民。

44

三角贸易

欧洲商船从本国出发，装载盐、布匹等生活用品和廉价的工业品；到非洲后换成黑人，再沿着所谓的"中央航路"横渡大西洋，将黑人卖到美洲的种植园当奴隶；得来的钱再去买糖、烟草、朗姆酒和稻米等种植园产品及金银和工业原料，带回欧洲本土。

在欧洲西部、非洲的几内亚湾附近、美洲的西印度群岛之间，航线大致构成三角形状，故称"三角贸易"。

三角贸易为欧洲各国带来了巨额财富，也让贵族们过上了更加奢侈享乐的生活，却对非洲经济造成了不可估量的破坏。

归程

出程

中程

23 唱响"日不落"的英国

地理大发现之后，海上扩张成为众多欧洲国家的首选。大西洋中的群岛国家英国凭借其地理上的优势、强大的海军实力和稳定的政治环境成了殖民扩张的主力，在打败了西班牙、荷兰和法国后，稳坐全球海上霸主的交椅，成了实至名归的"日不落帝国"。

英国是怎样一步步唱响"日不落"的呢？

《1》打败首任"日不落帝国"西班牙

"日不落帝国"这个称号最初是西班牙的。西班牙强盛之时，凭借着"无敌舰队"将殖民地拓展到欧洲、亚洲、非洲、北美洲、南美洲多个地区，是无可争议的海上霸主。西班牙国王卡洛斯一世曾骄傲地说："在我的领土上，太阳永不落下。"

然而，西班牙聚敛的财富并没有用于扩大生产，而是通通用于贵族享乐，国内几乎所有行业都被无底线压缩，导致财富都流入他国手中，实力很快就比不上他国了。

1588 年，在对英国的战争中，西班牙"无敌舰队"几乎全军覆没，丧失了海上扩张的能力。在与西班牙的战争中，英国取得决定性胜利，成功跻身欧洲强国之列。

〈2〉三次英荷战争，打败"海上马车夫"

荷兰本来隶属于西班牙，当地早有航海贸易的传统，造船业发达。1581年，因不满西班牙的高额税收，荷兰宣布独立。很快，他们又打败了称霸印度洋的葡萄牙，垄断了东方贸易，接着又积极开发北美洲殖民地，并试图把势力范围扩展到巴西。

为了提高利润，荷兰人特别设计了一种肚子很大、甲板很小的货船，这种船因为不装置火炮所以造价很便宜。在17世纪，荷兰在海洋贸易中扮演了重要的角色，每年的贸易额可以占到全世界总贸易额的一半，成了欧洲的"海上马车夫"。

然而，不装备火炮意味着战斗力降低。从17世纪中叶开始，荷兰在与英国和法国的海上争霸战中处于劣势地位。1672年，英国联合法国进攻荷兰，最终使荷兰以惨败告终。荷兰从此一蹶不振。

〈3〉全面继承大航海时代的遗产

荷兰被打败后，英国和法国进行了最后的角逐。最终，英国获胜，几乎吞并了法国在非洲、北美洲所有的殖民地，把它们连同从西班牙、荷兰夺来的殖民地整合到一起，全面接收了大航海时代的几乎所有成果，从此在大西洋、印度洋和太平洋海面上畅通无阻。

此后，英国不断巩固和扩大海外殖民地，让全世界成为它的"工厂"，从而成为真正意义上的"日不落帝国"。

24 人工运河的开辟

运河是人工开凿的通航河道。人类为了方便水域之间的航行而人工挖运河的做法由来已久。苏伊士运河、京杭大运河和巴拿马运河是世界著名的 3 条大运河，它们的开凿又经历了怎样的故事呢？

〈1〉苏伊士运河

早在古埃及时期，饱受尼罗河泛滥之苦的古埃及人，就习惯了在尼罗河流域开凿渠道、围堵河流，并积累了丰富的实践经验。

公元前 19 世纪，为了方便水上贸易，埃及法老辛努塞尔特三世下令在一条原尼罗河支流河谷的基础上，开造一条经多美拉河谷沟通红海的人工运河，这就是著名的"法老运河"，也是后来苏伊士运河的前身。

在此后的近 4000 年的时间里，基于自然条件的限制和战乱等原因，法老运河多次继续挖掘又废弃，最终都以失败收场，历经磨难，直到 1859 年，才由法国人主持重新开凿。

48

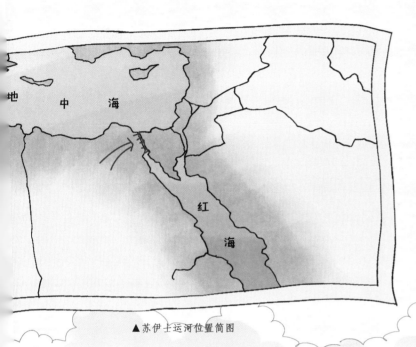

▲苏伊士运河位置简图

《2》京杭大运河

京杭大运河是世界上最长的运河，最初开凿于春秋时期，经隋代和元代两次大规模扩建，形成了沟通中国南北的大运河。大运河北起北京，南至杭州，沟通了海河、黄河、淮河、长江、钱塘江五大水系，全长1700多千米。

这次修建持续了将近11年的时间，以12万埃及劳工的生命为代价，于1869年11月17日正式通航。运河的西边是尼罗河三角洲，东边是西奈半岛。运河建成后，沟通了地中海与红海，使来往于欧洲和亚洲的商船不用绕过好望角就能直接开进印度洋，是一条具有重要经济意义和战略意义的国际航运水道。

因其重要的地理位置，苏伊士运河在建成之后一直被英法两国控制，直到1956年所有权才被埃及收回。

它是目前世界上使用最频繁的航路之一，每年的货运量占到世界海运贸易的14%左右。从中东地区出口到西欧的石油，有70%需要经由苏伊士运河运输。

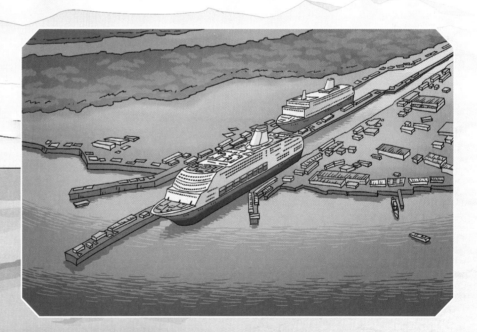

《3》巴拿马运河

巴拿马运河位于巴拿马，横穿巴拿马地峡，连接太平洋与大西洋。这条约81.3千米长的运河使人们从大西洋到太平洋的航程缩短了1万多千米，不必再绕到南美洲的南端了，是重要的国际通航水道。

25 海港与海岛

海港，顾名思义就是建在海边的港口。想要顺利进行海上贸易，一个好的港口是少不了的。好的港口，不只意味着离已知航线较近，还要水深避风，水流平稳。往来贸易的船只、货物和人员都在这里集散，意味着港口的吞吐量要够大，有供船只安全停泊的水域。遇到暴风雨天气，船只还需要在港口避难，也就意味着需要有掩护的海湾。

海港城市

在 2000 多年前，亚历山大港就修建起来了。因为地处尼罗河入海口，又在地中海沿岸，它很快就变成了埃及与地中海东部文化和贸易交流的中转站。时至今日，亚历山大港仍在使用，是埃及第二大城市，也是埃及和地中海东岸最大的港口城市。

在地中海沿岸，这样的港口城市还有很多。例如，地中海沿岸吞吐量最大的港口城市马赛，是法国仅次于巴黎的第二大城市。向来有航海传统的热那亚，是意大利的最大海港，经济一直十分繁荣。还有依托苏伊士运河发展起来的塞得港，是船只过往苏伊士运河的"加油站"。

随着新航路的开辟，葡萄牙的里斯本、南非的开普敦、荷兰的鹿特丹和阿姆斯特丹，还有新加坡和印度的孟买等，都作为海港城市逐渐发展起来。

海港争夺战

海港形成城市后，战略地位变得十分重要，围绕着海港控制权进行的争夺战也屡见不鲜。

虽然俄罗斯在北冰洋沿岸有很多港口，但因为纬度高、结冰期长，离各国的航线比较远，始终难以进行频繁的贸易。所以，从沙俄时代开始，几代沙皇多次发动扩张战争，争夺黑海的出海口，直到俄国女皇叶卡捷琳娜二世在位时才因为打败了奥斯曼土耳其，取得了黑海的制海权，获得了南方的海港。

渔船

码头

护岸

海岛

如果说海港是人类探索海洋空间的始发站和终点站，那么海洋中被海水环绕的岛屿就是开发和探索海洋空间的"加油站"。远航的人们在这里休息、补给物资、交换货物，并对海岛进行大规模开发和建设，形成据点。

海岛一般分为靠近大陆的大陆岛和远离大陆的大洋岛。

大陆岛

大陆岛大多本来和大陆相连，后来因为地壳下沉或海水上升，和大陆分离，独立成岛。英伦三岛、纽芬兰岛、马达加斯加岛、日本群岛、中国的台湾岛和海南岛都属于大陆岛。

冲积岛也是大陆岛的一种。它形成于大河的入海口，由河流携带的泥沙沉积而成，形态不稳定，有消失的可能。中国的崇明岛是冲积岛的典型代表。

▲大陆岛逐渐与大陆分离

大洋岛

大洋岛指的是原生于海洋深处的海岛，大致可以分为火山岛和珊瑚岛。

火山岛是因为海底火山在喷发的过程中，岩浆和火山灰不断被海水冷却，向上堆积而成的。火山岛广泛分布于环太平洋地区，面积一般不大。阿留申群岛、夏威夷群岛、菲律宾群岛、斐济群岛、印尼群岛等都属于火山岛。

珊瑚岛由珊瑚虫的尸体堆积而成，主要分布在热带海洋，如巴哈马群岛、马尔代夫岛和大堡礁。

▲火山岛的形成过程：火山喷发→火山岩逐渐堆积→形成火山岛

26 向海面以下进发

人类的海洋活动不只有海面上的航行、捕鱼，也包括海面下的潜水、打捞等。因为海洋幅员辽阔、资源众多，还吞没了无数的城市和航船，神秘又充满了诱惑。

然而，因为没有氧气人类无法长时间待在水下，对海平面以下的探索极其艰难，直到20世纪有了先进的潜水设备后，人类对海洋深处的探索才算真正开始。

潜水设备的发展史

1 最早，人们下水时咬根管子呼吸水面的空气，比如用芦苇秆，不过这种设备只能在浅水区使用。

人类要想走进深海，需要克服3个方面的障碍：

①海水的压力。海水越深，压力就越大，每往下潜10米就会增加一个大气压，超过人体承受范围时就会有生命危险。

②海水的温度。越往下海水温度越低，若人体与海水直接接触，身体的热量会迅速散失。

③海水中的氧气。海水中的含氧量很少，人们要想在深海里遨游，呼吸问题必须解决。

为了克服这些困难，人们研制出了潜水服和深潜器等设备帮助人们到达更神秘的海洋深处。

2 为了摆脱水压的困扰，人们想办法把身体和水隔开，潜水钟被研制出来了。这是一种大钟一样的木质装备，人可以在钟里作业，下潜时间从几分钟延长到了几小时。

3 从潜水钟的思路出发，一个英国人于1715年发明了第一件潜水服。

4 1894年，意大利人成功造出了一个空心金属球，把它沉到了165米深的地方。这是最初的深潜球。1934年，美国人在其制造的深潜球内部安装了电话，让潜水员可以和岸上的人交流。

5 1948年，瑞士人在深潜球上加装浮力舱，去掉大铁链，制造了真正的深潜器。12年后，美国人将其改造，创造了下潜到10916米深的马里亚纳海沟的纪录，至今没被打破。

6 到了21世纪的今天，深潜技术已经蓬勃发展，不光有先进得多的载人深潜器，还有不载人的深潜器——水下机器人。

浅海的诱惑

从海面往下 200 米内的区域，是海洋的上层。这里阳光充足，食物丰富，生活着大部分的海洋生物。人们捕鱼和打捞，也大多活跃于此。

海洋中有很多鱼类，它们可以为人类提供丰富的食物来源，且远比陆地上丰富得多。

珍珠和珊瑚等来自海底的珍宝更不必说了，在人工养殖珍珠出现前，从大海里采珠是人类获得珍珠的主要途径。

海洋考古

人们之所以孜孜不倦地探索海底，除了想知道未知世界的奥秘，还因为想找到沉船和已被淹没的城市，进行考古活动。这种想法在 1850 年左右就已经很普遍了，但直到 1944 年，法国海军发明了自携式水下呼吸器，才逐渐变为现实。

1960 年，美国人在土耳其一带和地中海海域对一系列沉船进行考古，发现了古典时代的沉船遗址，在对其进行调查、发掘后成果颇丰，也开创了海洋考古的新时代。

53

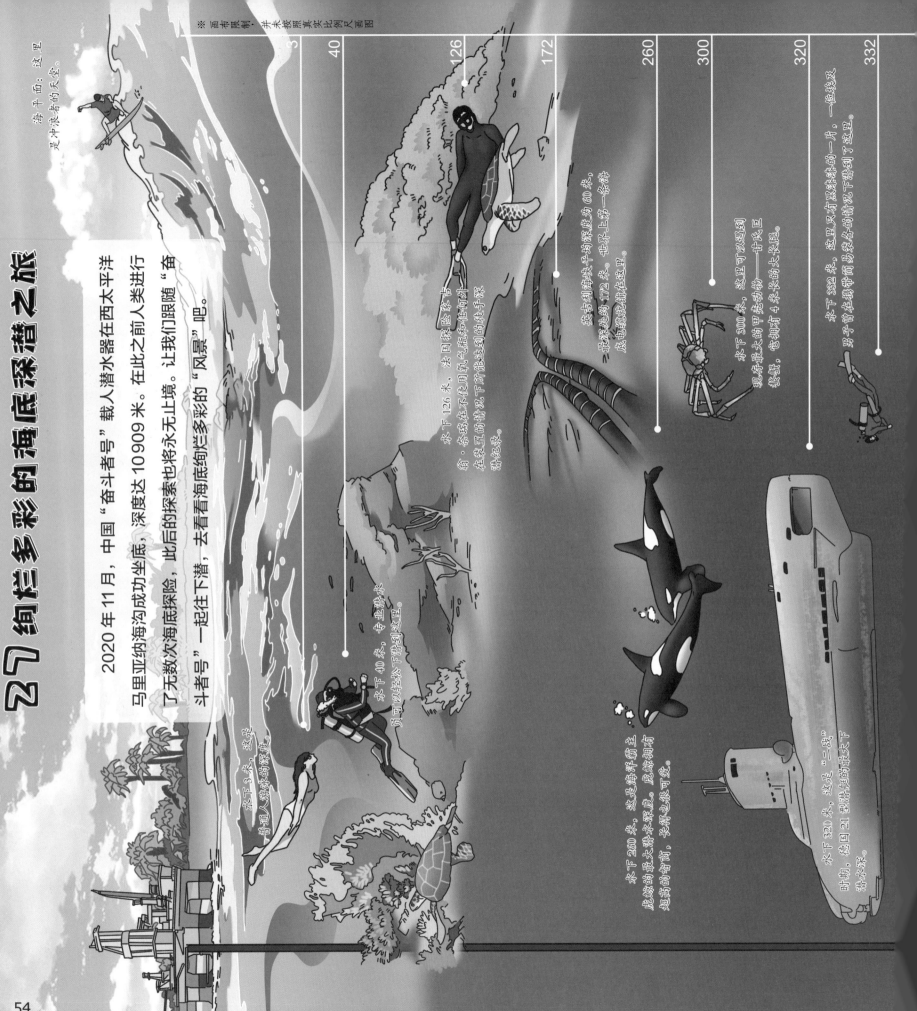

绚烂多彩的海底深潜之旅

2020年11月，中国"奋斗者号"载人潜水器在西太平洋马里亚纳海沟成功坐底，深度达10909米。在此之前人类进行了无数次海底探险，此后的探索也将永无止境。让我们跟随"奋斗者号"一起往下潜，去看看海底绚烂多彩的"风景"吧。

985

1000

3658

3800

在这里往下潜4000米以下的海底，就能......

4000

4500

7062

8178

9449

10898

10909

11034

水下985米，这里已是终年漆黑的世界。

水下1000米，这里一片漆黑，伸手不见五指，而生活在这里的生物，很多已演化出了照明功能。

水下500米，世界上最大的海洋生物——蓝鲸生活在这里，它的舌头和大象一样重，血管粗到人可以在里面游泳。

水下3658米，"蓝鲸1号"海上钻井平台的最大作业水深。

水下3800米，"泰坦尼克号"沉没海底，躺了100多年。

水下4500米，"阿尔文号"深潜潜艇在1994年带潜水员类带到了这里。

水下7062米，我国自主研制的深海载人潜水器"蛟龙号"在这个深度进行作业，取得了3个采样。

水下8178米，日本海洋研究机构通过无人眼相机在这里拍摄到了深海狮子鱼，这可能是地球上最能最深的脊椎动物。

水下9449米，加拿大人驾驶"深海挑战者号"深潜器到达了这里，途中花去这里。

水下10898米，第一个乘坐单人驾驶器的正维·皮卡驾驶潜水器在1960年到达了这里，全程花了3个多小时。

水下10909米，2020年11月，"奋斗者号"我国载人潜水器在西太平洋马里亚纳海沟成功坐底。

水下11034米，马里亚纳海沟是全世界海洋的最深处，也是地球上最接近地心的"深渊"。

55

28 飞机出现以前人类的飞天尝试

几千年来，人们一直幻想着冲破地球引力的束缚，像小鸟一样自由自在地在天空翱翔，其中不乏一些先驱者为此付出生命代价。经过一代又一代人的努力，人们终于实现了这一古老的飞天梦。

各国神话里不乏骑龙、乘仙鹤等传说，它们都是古人美好想象中帮助人类实现飞行梦的载具。

风筝和天灯应该算是人类最早发明的可以飞上蓝天的人造物了。明朝有个叫陶成道的人，就曾想借助风筝实现自己的飞天梦。他手里拿着风筝，坐在绑着 47 支火箭的椅子上，从高处往下飞，但不幸的是，他失败了。

热气球

1772 年，法国的孟格菲兄弟由炉烟得到启发，开始制作热气球。他们的热气球类似于中国古代三国时期发明的孔明灯，利用加热空气产生浮力达到升空的目的。

1783 年 9 月，孟格菲兄弟在法国国王路易十六的面前进行升空试验，此次升空的"乘客"是 1 只羊、1 只鸭子和 1 只公鸡。此次飞行持续了大概 8 分钟，飞行高度约 500 米，飞行了 3500 米左右。气球降落时，3 只动物安然无恙。

同年 11 月，孟格菲兄弟又用热气球进行了第一次载人飞行试验，此次热气球在空中飞了约 25 分钟。这是人类史上第一次成功的热气球载人空中飞行。

热气球在飞行过程中极易受到风力因素的影响，因而在飞行前需要选择合适的风向和风速，飞行途中也需要根据实际气流情况不停调整飞行方向，如此才能确保飞行安全。

《蒙娜丽莎》的作者达·芬奇，是第一位画出直升机设计图的人，他在 1483 年写的札记中画了一张飞行器的草图。遗憾的是，他关于直升机的构想并没有付诸实践。

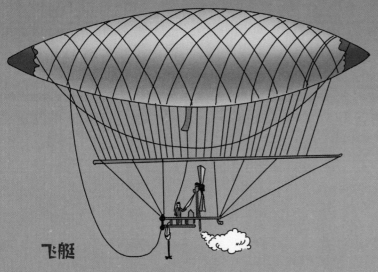

飞艇

热气球只能随着气流飞行，自主性较差。为了解决这个问题，1784 年，法国的罗伯特兄弟在热气球的基础上给飞行器装上了划桨，使它能够在空中改变方向。

因为这种飞行器看上去像是一艘飞在空中的小艇，所以得名"飞艇"。

然而，罗伯特兄弟的试飞并不顺利。随着高度的增加，飞艇气囊越来越膨胀，紧要关头，罗伯特兄弟在气囊上刺了一个小孔，才使飞艇安全降落。

1852 年，法国的工程师吉法尔制造了一艘配有蒸汽动力装置的可操纵飞艇。这个飞艇配有螺旋桨和方向舵，可以操纵其飞行方向。1852 年 9 月 24 日，吉法尔驾驶着他的飞艇从巴黎飞往特拉普斯，以 10 千米的时速飞行了 27 千米，完成了可操纵飞艇的成功首飞，正式拉开了飞艇进入应用领域的大幕。

20 世纪初，飞艇被各国军队广泛用于巡逻、轰炸和运输活动，直到性能更高的飞机被发明，才逐渐退出历史舞台。

滑翔机

在飞机问世以前，除热气球和飞艇外，还有一种飞行器闯入了飞行爱好者的视线，那就是 19 世纪初人们借鉴竹蜻蜓原理制造的滑翔机。

最初的滑翔机骨架大多是竹子制成的，上面缝着结实的布，机身中间有凹槽，人坐在凹槽里，通过不停移动身体重心控制方向。不过，这种滑翔机最多只能飞几百米远，安全性也比较低。

1809 年，英国工程师乔治·凯利制作了一个表面积达 28 平方米的滑翔机，并在接下来的时间里对滑翔机的机翼角度、机身形状、方向舵、起落架等都进行了系统的研究和试验，将飞行尝试上升为科学探索。

1852 年，他设计的滑翔机 3 号在公众面前完成了首次载人飞行。连莱特兄弟都称他是重于空气飞行器的真正先驱。

提到滑翔机，又不得不提到达·芬奇，最早的滑翔机图纸也是他设计的，名为扑翼机。这是一种设想人趴在上面，用手脚带动一对翅膀飞行的飞行器。遗憾的是，它也没有被实现。

29 占领蓝天

研制出滑翔机后，人们并没有就此满足，因为大多数滑翔机是没有引擎的，需要借助气流才能爬升，而且滞留空中的时间也不长。那么，有没有更先进、更好用的飞行器呢？

活塞式飞机

20世纪初，滑翔机和动力机械的研究已经趋于成熟，许多飞行家开始将动力机械装到滑翔机上。其中，美国的莱特兄弟以滑翔机为基础进行了数次飞行试验，终于在1903年成功制造出带动力装置的飞机并试飞成功，这是真正意义上的现代第一架飞机。因为它以活塞式发动机为动力，所以后世把这种飞机称为活塞式飞机。

飞得更快的喷气式飞机

活塞式飞机每小时可以飞行约750千米，这是当时活塞式发动机的极限。但人们还想让飞机飞得更快，于是发明了喷气式发动机。

喷气式飞机利用发动机本身喷射的高速气流所产生的反作用力来推进飞行，它需要在空气稀薄的高空中才能达到最佳推进效果，因此飞机有了密封舱。

1939年8月，世界上第一架可投入使用的喷气式飞机He-178飞上了天空。

1947年，美国又研制出了以火箭发动机为动力，每小时可以飞行1278千米的超音速飞机。它是喷气式飞机的一种，目前多用于军事领域。

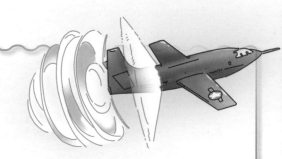

音速是指声音在空气中传播的速度。当飞机飞行速度接近音速时，周围的气流动态会发生变化，出现激波或其他效应，会使机身抖动、失控，甚至空中解体，并且产生极大的阻力。人们把这种现象称为音障。

应用于军事的战斗机

飞机问世后很快就被用于战争，领空的概念逐渐发展起来。谁占领了领空，拥有了制空权，谁就更有可能赢得战争。

最初的军用飞机沿袭了滑翔机的运输职能，后来又被用于侦察。在侦察的过程中，人们发现没有武器可以从地面有效打击空中，于是偶尔也用飞机对敌方进行轰炸。专门的轰炸机是在 1913 年年底由俄国人制造的。

"一战"期间，法国人把机枪安装到飞机上，这算是最早的强击机。强击机是战斗机的一种，后来包括截击机和歼击机在内的其他种类的战斗机也发展起来。

躲过雷达

"二战"期间，为了监视战斗机，英国人发明了专门的防空雷达。想要躲过雷达的监视，一般有两种办法：一种是用电子干扰装置干扰雷达的判断；另一种是通过改变飞机的外形或者涂吸波材料的方式骗过雷达。

民用客机

战争结束后，对飞机的军事需求大大降低，很多轰炸机、运输机就被改装成了民航客机。然而改装的客机速度、运载量和飞行距离都十分有限，只能靠补贴生存。

直到 1935 年，美国的道格拉斯公司成功试飞了一架全金属结构、载客量为 32 人的民用客机 DC-3，并投入批量生产，此后民航客运业的亏损状况才有所好转。

1949 年，世界第一架喷气式客机"彗星号"进行了首次试飞，平均时速为 721 千米，远远超过当时大部分的活塞式客机。但不幸的是，"彗星号"在接下来的试飞中因为设计缺陷，接连发生坠毁事故。

美国的波音公司吸取了"彗星号"的教训，研制出性能更为优异的波音 707 喷气客机，一跃成为民用客机领域的霸主。

经过近百年的发展，现代民用客机已经成为具有体积大、载客量多、航程远等特点的大型运输工具，来往于城市之间，加强地区间的联系。

水上飞机和直升机

飞机发展到后来还出现了可以垂直升降、悬停、低速向前或向后飞行的小型直升机，以及可以在水面上起飞、降落和停泊的水上飞机。

30 最疯狂的探险之旅：将人类送往太空

苏联和美国早期的太空竞赛应该是人类迄今为止最疯狂的探险活动了，因为这需要突破地球引力将人类送往未知的太空，是一项极度危险的探索。

第一次摆脱地球引力

因为地球引力的关系，抛出的物体总要落到地面上。但如果飞行速度足够快，物体就可能摆脱地球引力而冲出地球。

由德国的 V-2 火箭发射的长程弹道导弹应该是最早突破卡门线，进入外太空的人造物了。

第一颗人造卫星

德国战败后，火箭设计技术被美国和苏联接手，美苏如火和荼（tú）的军备竞赛由此展开。1957 年，在吸收了德国火箭技术的基础上，苏联率先将世界上第一颗人造卫星"斯普特尼克 1 号"送入太空，这标志着人类探索太空时代的开始。

第一艘载人飞船

如果火箭嵌套的壳体足够多，通过一层一层地点火，再抛弃废弃的外壳，藏在里面的载人飞船就可能获得极大的速度，最终进入太空。

1961 年，苏联用"东方号"运载火箭发射了第一艘载人飞船"东方 1 号"，将航天员加加林成功送上了太空。此次载人飞行历时 108 分钟，绕地球一圈，加加林也成为人类历史上第一个进入太空的人。

100 千米

80 千米

卡门线
国际航空联合会将海拔 100 千米处定义为外太空与地球大气层的分界线，取名为"卡门线"。

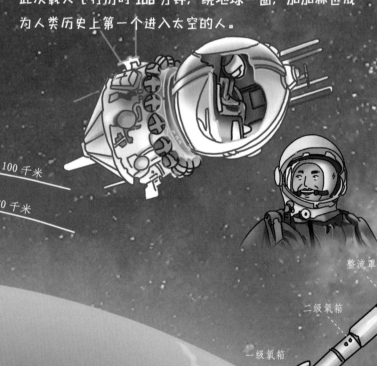

整流罩

二级氧箱

一级氧箱

仪

一级煤油箱

一级尾段

助推头锥

二级燃

❶ 火箭起飞

助推煤油箱   助推氧箱

助推尾段

"长征七号"运载火箭
发射卫星全过程

第一次太空行走

　　1965 年，苏联再接再厉，发射了"上升 2 号"宇宙飞船，航天员列昂诺夫穿着笨重的宇航服走出了舱门，在舱外空间环境中行走了 12 分钟，成为太空行走第一人。这次出舱活动险象环生，出舱后不久就因为压力太大使宇航服膨胀，导致行动困难，回舱也不太顺利，但幸运的是他最后安全返回了。

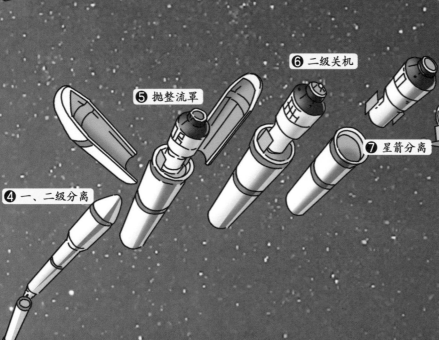

⑨ 卫星向地面控制中心发回遥测信号

⑧ 卫星入轨，展开太阳能电池板

⑥ 二级关机

⑤ 抛整流罩

⑦ 星箭分离

④ 一、二级分离

③ 助推器分离

② 程序转弯

第一次登上月球

　　相比苏联连续创造了多个人类"第一次"，美国的太空计划总是慢半拍。为了奋起直追，美国在 1961 年投入大量资源，启动了庞大的"阿波罗登月计划"。1969 年，承载着美国航天员阿姆斯特朗、奥尔德林、柯林斯的"土星 5 号"火箭点火升空，将"阿波罗 11 号"飞船送入太空。飞船在进入月球轨道后，登月舱与飞船分离，柯林斯驾驶着太空飞船在月球轨道继续绕月飞行，阿姆斯特朗和奥尔德林则搭乘登月舱成功登陆月球。

31 太空中的"航天母舰"——空间站

当将人类送上太空并成功登陆月球之后，人类又开始思索如何能在太空中长期驻留。

相比于载人飞船，空间更大、设施更齐全、能依靠飞船提供持续补给的空间站成了人类在太空的一个据点。

发展到今天，空间站已经成为人类在太空中的"航天母舰"。它是能够在近地轨道长时间运行，供多名航天员长期工作和生活的载人航天器。

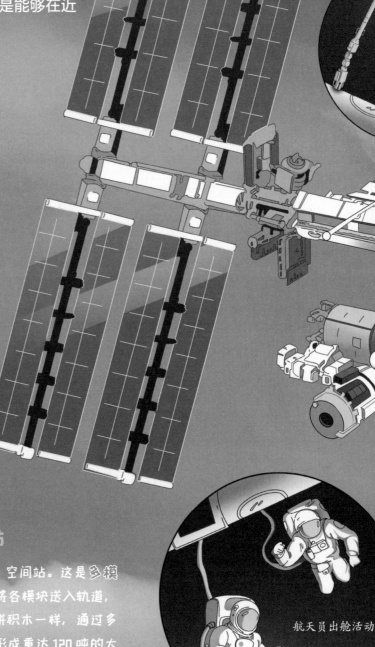

机械臂

单模块空间站

人类历史上首个空间站是苏联于 1971 年成功发射升空的"礼炮 1 号"。它是单模块空间站，由火箭一次性发射入轨。苏联在 1971-1982 年发射的"礼炮"系列空间站和美国在 1973 年发射的"天空实验室"都属于这类空间站，它们的空间相对较小，结构比较简单，任务也比较单一。

▲ 礼炮 1 号

▲ 天空实验室

▼ "和平号"空间站

多模块空间站

1986 年，苏联发射了"和平号"空间站。这是多模块空间站的代表。它通过火箭分批将各模块送入轨道，在太空中将各模块组装完成，就像拼积木一样，通过多次发射功能性舱段与核心舱对接，形成重达 120 吨的大型空间站。截至 2001 年 3 月"和平号"空间站坠毁，很多国家的航天员都曾前去拜访过。

航天员出舱活动

国际空间站 ISS

1998 年，由美俄主导、16 个国家共同参与建设了一个国际空间站 ISS。它的"龙骨"是一根长达 108 米的主桁（héng）架，多个功能舱段与太阳能电池板挂在这根主桁架和非承重桁架上。它可以同时与多种航天器进行对接，整个建造完成后，拥有 1200 立方米的内部空间（额定乘员 6 人），可供来自世界各国的科研人员、航天员开展各类研究、试验。

然而，空间站不具备返回地球的能力。这个已经在轨运行了几十年的国际空间站有可能在 2024-2028 年退出历史舞台，到那时，中国"天宫号"空间站或将成为太空中唯一的人类空间站。

这个小东西名叫"加压配合适配器"，是多模块空间站上各部分航天器可以对接的关键部件。

空间站中的植物种植试验。

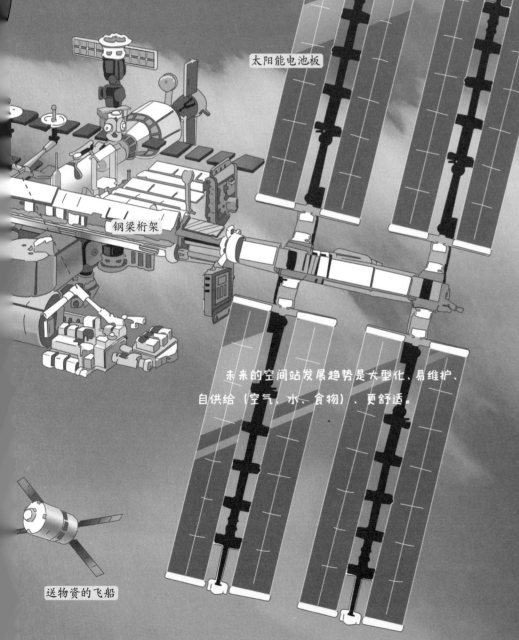

太阳能电池板

钢梁桁架

未来的空间站发展趋势是大型化、易维护、自供给（空气、水、食物）、更舒适。

送物资的飞船

"天宫号"空间站

"天宫号"空间站是中国自主建设的常驻大型空间站，它是一个多模块组合式空间站，全部建成后有 3 个舱段，包括一个核心舱和两个实验舱，整体上呈现 T 字构型，可以满足航天员在轨生活一年的时间。

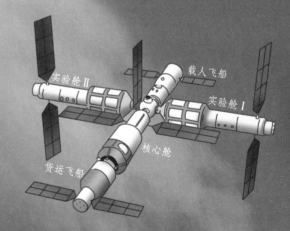

实验舱 II
载人飞船
实验舱 I
核心舱
货运飞船

首次进入"天宫号"空间站的中国航天员聂海胜、刘伯明、汤洪波。

32 宇宙空间的未来

▲ "旅行者1号"和"旅行者2号"

浩瀚宇宙，点点星辰。人类自诞生之初，从没停止过探索空间的脚步。如今，我们带着遗传自祖先的开拓进取精神，运用自己的勇气和智慧，经历一场又一场的冒险，走向更加光辉、美好的未来。

探索宇宙的边界

科学家们自从发现自己所在的银河系之外还有更加浩瀚的宇宙后，就一直试图去寻找宇宙的边界。

哈勃空间望远镜是最早被航天飞机带入太空的空间望远镜，一直被当作"人类观察宇宙的眼睛"。它在1990年被发射到地球近地轨道上运行，用于观测宇宙深处的天体。在之后的30多年间，哈勃望远镜完成了超过130万次观测，揭开了无数宇宙奥秘，科学成就不胜枚举。

"旅行者1号"是目前为止离地球最远的无人星际探测器。1977年，美国先后发射了姐妹探测器"旅行者2号"和"旅行者1号"。它们掠过木星和土星，飞往太阳系的边缘。2012年8月，美国宇航局宣布，"旅行者1号"已飞离太阳系，成为首个进入星际空间的人类探测器。

在未来，人类乘坐载人航天器拜访太阳系外的星球也不无可能。

登陆遥远的行星

火星是离地球最近的宜居行星，将人类送往火星是一个长期的目标。

人们探测火星的目的，在很大程度上是为了认识它的地质和气候状况，推测上面是否存在生命，或者是否具备繁衍生命的条件。发射"旅行者1号"的时候，人们也抱着这样的目的。也正因此，"旅行者1号"携带了一张镀金唱片和一枚金刚石留声机针。唱片上录制了多达55种人类语言和一段90分钟的声乐集锦。通过这些，人们希望能与其他高等生命取得联系，甚至发现第二个"地球"。

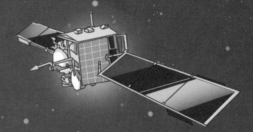

▲ 北斗卫星导航系统：运行在地球轨道上，由许多颗卫星一起组成北斗卫星导航系统，为全球用户提供全天候、全天时、高精度的定位、导航和授时服务。

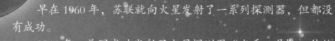

早在1960年，苏联就向火星发射了一系列探测器，但都没有成功。

1964年，美国成功发射了火星探测器"水手4号"，传输回大量数据和照片。此后，陆续有探测器成功发射，有些活跃在火星的大气层，有些对火星的卫星进行了研究。

2004年，欧洲航天局的"火星快车"探测器在火星的南极发现冰冻水。

2021年，中国的"天问一号"探测器成功登陆火星。

未来，人们也许能在火星上建城市，实现火星移民，如果那时候"天问一号"还在，说不定还能和它一起合个影。

太空电梯和太空城市

地球是人类的摇篮，但人类不可能永远被束缚在摇篮里。空间站已经运行了几十年，把空间站放大几十万倍，太空城市的设想就是基于此模型。

太空城市▶

▲哈勃空间望远镜

◀太空电梯

现在人们进入外太空只能依靠火箭运输，不仅运输成本高昂，而且会对地球环境造成影响。当太空城市建造起来，地面与太空往来更为频繁时，太空电梯作为连接太空城市与地球的桥梁必不可少。据设想它将由一根缆绳与载人设备构成，借助地球自转所产生的离心力，高速往来于太空城市与地面之间，可大大增加人类向外太空运载物资和人员的能力。

回首过往，人类探索宇宙风雨兼程、虽远不怠。

展望未来，我们的目标是去往更远、更广阔的星辰大海。

版权专有 侵权必究

图书在版编目（CIP）数据

孩子读得懂的空间简史 / 沈晓彤著 ; 白婷绘. --
北京 : 北京理工大学出版社, 2022.3
　ISBN 978-7-5763-0856-3

　Ⅰ. ①孩… Ⅱ. ①沈… ②白… Ⅲ. ①时空—少儿读
物 Ⅳ. ①O412.1-49

中国版本图书馆CIP数据核字（2022）第019576号

出版发行 / 北京理工大学出版社有限责任公司
社　　址 / 北京市海淀区中关村南大街 5 号
邮　　编 / 100081
电　　话 / （010）68914775（总编室）
　　　　　 （010）82562903（教材售后服务热线）
　　　　　 （010）68944723（其他图书服务热线）
网　　址 / http://www.bitpress.com.cn
经　　销 / 全国各地新华书店
印　　刷 / 唐山才智印刷有限公司
开　　本 / 787 毫米 × 1200 毫米　　1/12
印　　张 / 6.5　　　　　　　　　　　　　　　责任编辑 / 李慧智
字　　数 / 90千字　　　　　　　　　　　　　文案编辑 / 李慧智
版　　次 / 2022 年 3 月第 1 版　2022 年 3 月第 1 次印刷　　责任校对 / 刘亚男
定　　价 / 78.00元　　　　　　　　　　　　责任印制 / 施胜娟

图书出现印装质量问题，请拨打售后服务热线，本社负责调换